硬件产品经理进阶

李月山 著

清華大學出版社
北 京

内 容 简 介

本书以智能硬件自动移动机器人（AMR）产品实战案例串联全书，从智能硬件的系统构成，智能硬件产品经理的工作内容，智能硬件产品的全生命周期管理过程、需求分析、竞品分析、项目管理，智能硬件产品经理的工作方法，智能硬件产品经理的职业素养要求等方面，详细阐述如何提高智能硬件产品经理的业务能力，弥补国内关于智能硬件产品经理的相关学习资料欠缺问题。另外，本书还分析了一个对外产品合作项目实战案例，让读者能感同身受地体验到一个产品从需求提炼、对内实现过程把控、对外合作沟通技巧的全过程。

本书适合给相关硬件产品经理、工程技术人员提供参考和借鉴，在提高智能硬件产品相关从业人员的业务能力的同时对职场“小白”工作的方式方法的提升也具有借鉴意义。

图书在版编目 (CIP) 数据

硬件产品经理进阶 / 李月山著. -- 北京 : 清华大学出版社, 2025. 3.

ISBN 978-7-302-68454-1

Ⅰ. TP330.3

中国国家版本馆CIP数据核字第2025E50X65号

责任编辑：刘　杨
封面设计：钟　达
责任校对：薄军霞
责任印制：刘　菲

出版发行：清华大学出版社

网　　址：https://www.tup.com.cn，https://www.wqxuetang.com
地　　址：北京清华大学学研大厦 A 座　　邮　　编：100084
社 总 机：010-83470000　　邮　　购：010-62786544
投稿与读者服务：010-62776969，c-service@tup.tsinghua.edu.cn
质量反馈：010-62772015，zhiliang@tup.tsinghua.edu.cn

印 装 者：大厂回族自治县彩虹印刷有限公司
经　　销：全国新华书店
开　　本：170mm × 240mm　　**印 张**：7.5　　**字　　数**：132 千字
版　　次：2025 年 4 月第 1 版　　**印　　次**：2025 年 4 月第 1 次印刷
定　　价：36.00 元

产品编号：109084-01

序

当今，新型智能硬件已成为推动社会进步与产业升级的重要驱动力。硬件产品经理作为技术和产品之间的桥梁，是一个集技术、市场、战略与领导力于一体的复杂多维职位，其作用已超越了传统产品设计与管理的范畴。

《硬件产品经理进阶》一书针对硬件产品的开发，为有意在智能硬件产品领域深耕、追求卓越的读者和产品经理提供指南。本书以基于自动移动机器人的移动机器人实战案例串联全书，通过“怎么做”和“为什么这么做”的实践分享，为读者提供了宝贵的经验。本书内容涵盖了智能硬件产品的概念构思、需求分析及设计开发等硬件开发的主要过程。

硬件产品经理作为团队的核心人物，其领导力对项目的成败至关重要。作者通过案例探讨了高效协同的团队机制、激发团队成员创造力和潜力等问题，同时探讨了领导力与团队文化、组织结构、激励机制等层面之间的相互关系。

目前，智能硬件产品开发的过程中已呈现出跨学科融合的趋势。作者分析了电子工程、机械设计、软件开发等领域间的技术协作模式，探讨了在这些领域中技术与市场营销、用户体验、供应链管理等非技术方面的融合，提供了多元解决方案和思路，拓宽了硬件产品经理的视野。

在智能硬件产品领域，技术和产品迭代迅速，市场瞬息万变，唯有不断学习新知识、掌握新技能，才能在激烈的竞争中保持领先。作者通过分享学习心得和成长经历，鼓励读者建立终身学习的理念，不断提升专业素养和综合素养。

《硬件产品经理进阶》集实用性和启发性于一体，为硬件产品经理提供了可借鉴、可操作的实践经验，为硬件开发领域的读者撰写规范化智能硬件开发相关内容提供了宝贵经验。

薛小平

于同济智信馆

2024 年 9 月

前　言

写这本书与我本人的智能硬件产品经理的经历有关。我之前是一个嵌入式软件工程师，后来机缘巧合转型为智能硬件产品经理。在智能硬件产品经理的岗位上，跌跌撞撞摸索出自己的智能硬件产品经理方法论后，我发现其实有很多智能硬件产品经理跟我一样苦于没有合适的方法论参考而感到苦恼。他们有些人从研发工程师转型为产品经理，但由于研发思维惯性，在需求分析上往往把自己置于技术实现的角色上而忽视了产品需求的本质，在人际沟通上有时候又容易固执不知变通，导致业务线上的工作推动不通畅；还有一些智能硬件产品经理的技能、情商都在线，但就是处理不好需求提取、需求实现的过程管理。

关于产品经理的资料，互联网产品经理的相关书籍和文章非常多，知识体系也非常完整，但跟智能硬件产品经理相关的资料却非常贫乏，甚至想找一篇智能硬件相关的产品需求文档（PRD）模板作参考都是件困难的事情。由于缺少相关资料，有解惑需求的产品经理们不得不自行摸索方向和方法，自我提升的速度受到了制约，同时职场进阶也受到了影响。

为了帮助这些智能硬件产品经理以及有相同困扰的小伙伴解决这些难题，同时也是为了助力智能硬件产品行业的良性循环，我以智能硬件产品经理的工作方法为中心，系统性地梳理并总结了这些年作为智能硬件产品经理的成功经验，当然也包括那些容易犯的错误，于是就有了这本书。

我们学习知识就是为了增加对事物的了解，提升见识的同时获取灵感和启发。本书是我个人经验的总结，所以书中对具体事物的处理思想和方法可能并不止一种，有效的途径可能有很多，所以本书的一些案例和观点起到的只是抛砖引玉的作用，如果读者在阅读的过程中因书中的内容受到启发而产生自己的感悟和方法论，那便是本书最大的价值，同时也符合我写这本书的初衷。

本书共有 6 章。第 1 章详细阐述了智能硬件的组成架构，帮助读者梳理智能硬件中的模块构成及模块之间的相互作用关系，也方便读者进一步了解一款智能硬件的“产品力边界”。同时本章还以智能硬件产品经理一天的工作内容为引，讲解产品经理的日常工作内容，为读者阅读后续文章奠定了认知基础。

第 2 章以一款智能硬件产品从无到有的过程，讲述智能硬件产品全生命周期要经历的重要节点和里程碑，让读者在阅读的同时将自身经历的智能硬件产品管理经验映射到智能硬件产品全生命周期中，让读者对智能硬件的生命周期全貌有更为清晰的把握。

第 3 章以需求分析为导向，从多个角度分析需求和提取需求，帮助读者系统性地归纳、总结需求分析的思路和方法，让读者进一步提高分析、规划和设计智能硬件产品的能力。

第 4 章在第 3 章需求分析的基础上进一步阐述了提取需求时应当把握的分寸，编撰需求文档时应当细化到什么程度；需求实现过程中应当怎样进行有效的过程管控。本章其实是从需求出发，阐述如何进行需求的全生命周期管理。

第 5 章实际上在讲产品经理的“软实力”：让智能硬件产品经理更好地推动业务。本章以大量的实例讲解如何用最优的方法解决用户实际问题、如何避免产品经理陷入伪需求误区、如何进行高效沟通、如何跟不同职业画像的同事进行高质量合作。希望读者能举一反三，在业务上形成自己的“软实力”。

第 6 章以我亲身经历的一个产品开发项目为例，让读者能感同身受地体验到一个产品从需求提炼、产品实现过程把控到对外合作沟通的全过程。同时也是前面第 1 章至第 5 章内容的实战演示，希望能给读者带来工作方法上的启发。

鉴于智能硬件产品三大文档资料匮乏的现状，我在附录中提供了商业需求文档（BRD）、市场需求文档（MRD）、产品需求文档的模板，希望对有需要的小伙伴有帮助。

另外，针对职场“小白”以及想从其他职业转型为智能硬件产品经理的小伙伴，我明白你们想入行但又不知如何下手的困惑，所以特意在附录中准备了一篇我当时从嵌入式软件工程师转型为智能硬件产品经理的经验总结，希望能够给正处于困惑中的朋友一点儿帮助。

目　录

1

智能硬件与产品经理

智能硬件产品经理，顾名思义就是管理智能硬件产品的职能岗位，管理着智能硬件产品从“出生”到“成长”再到“死亡”的生命周期全过程。产品是由场景需求而催生的，但智能硬件产品的功能往往受硬件条件制约。所以，对于一名懂场景、懂产品、懂硬件的智能硬件产品经理来说，熟悉智能硬件的系统构成显然是必须的。

1.1 智能硬件的系统构成

为了方便读者理解智能硬件的系统构成，本节会对传统硬件（纯硬件）、传统软件（纯软件）、智能硬件的构成做简单对比，并重点讲解智能硬件的系统构成。

1. 传统硬件（纯硬件）

（1）纯结构件：该类产品均由各种材料加工成的零件组装而成，几乎不包含电气系统和软件。典型产品：齿轮箱、滚珠丝杠、机械门锁、自行车等。

（2）传统电气产品：该类产品由机械部件和电子器件组装而成，有些包含软件，有些不包含软件。

典型产品：电冰箱、数控机床、洗衣机等。

2. 传统软件（纯软件）

该类产品是一种逻辑产品，没有实际的物理形态，维护成本较低，更新速度快。纯软件产品能满足用户多样化的需求，提高工作效率和用户体验。

典型产品：该类产品范围广泛，如单机游戏——植物大战僵尸，以及淘宝、京东等电商的 App。

3. 智能硬件

智能硬件是以传统硬件为基础，采用软硬件结合的系统架构，结合新型传感检测、智能联网、人机交互、智能控制等技术，使硬件产品智能化，并可以方便地接入到更复杂、更智能的系统场景中，从而完成各类智能系统的部署，实现更多数据的获取，为决策提供可量化的依据，从而具备更高的使用价值，实现真正意义上有别于传统硬件的智能化产品。

典型产品：物流仓储 AMR（autonomous mobile robot，自主移动机器人）、天猫精灵、智能汽车等产品。典型智能硬件产品的系统架构如图 1-1 所示（以移动智能硬件为例）。

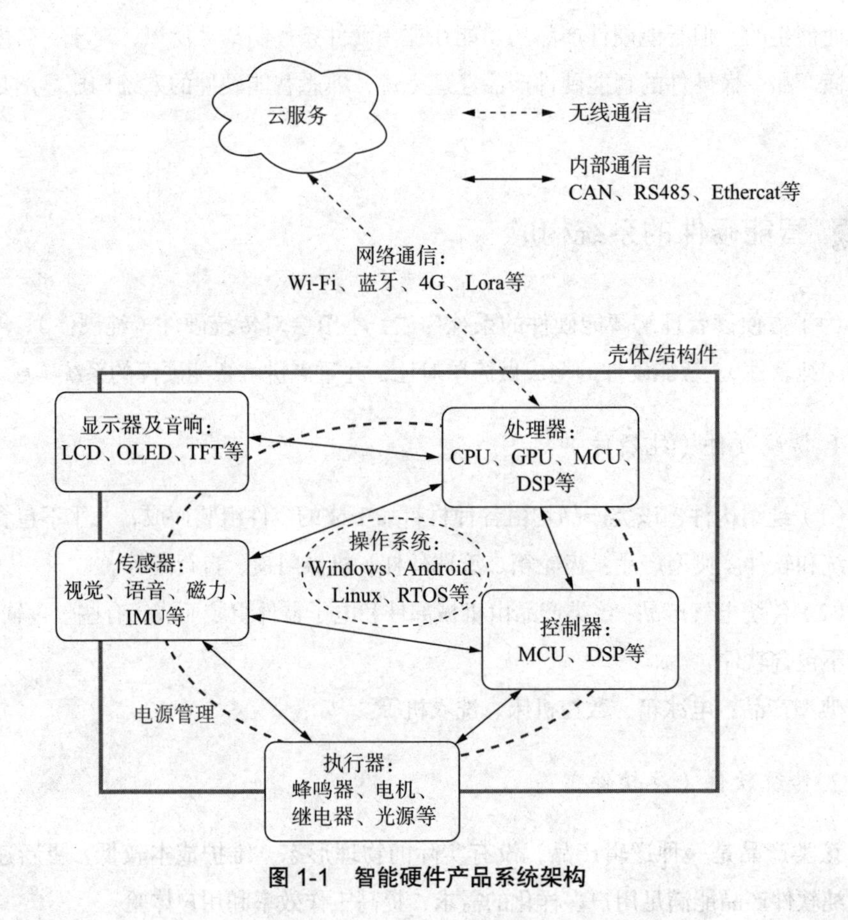

图 1-1　智能硬件产品系统架构

（1）云服务。正是由于“云”技术的出现，各种设备才得以联网实现协同作业；也正是由于物联网互联互通，用户才可方便快速地部署、删除设备，灵活地定义应用场景。此外，云服务强大的数据汇总、数据处理、数据存储能力也为用户提供了更多的交互方式。

（2）网络通信。设备与云服务的数据交互主要以无线通信为主。其中，服务于大范围的通信方式包括 4G（the 4th generation mobile communication technology，第四代移动通信技术）、5G（the 5th generation mobile communication technology，第五代移动通信技术），常用于移动范围较大的设备（如道路巡检机器人）；服务于中等范围的通信方式包括 LoRa（long range radio，远距离无线电）、NB-IoT（narrow band internet of things，窄带物联网），一般用于数据传送量小的场景（如光伏电站火警检测、楼宇温湿度检测等）；服务于小范围的通信方式很多，传输速率需求高时可用 Wi-Fi 技术，低成本方案则主要包括 Bluetooth/BLE、ZigBee、433 等。

（3）处理器。处理器是智能硬件产品的“大脑”，对外负责与云端信息交互，对内负责整个智能设备的动作行为规划和决策。处理器根据预设或智能 AI 算法负责处理智能硬件的各种汇总数据，并根据数据信息规划或发出下一步行动指令。在复杂的系统中，处理器常常被称为上位机，而在工业场景中其一般被称为工控机。

（4）控制器。控制器是智能硬件产品的“肌肉”，其一般根据处理器下发的动作规划指令来控制执行器作出相应的响应。控制器常用于 I/O 控制，实时响应快速，与智能硬件的电气控制部分联系紧密。在复杂的系统中，控制器常被称为下位机（一般为 MCU（microcontroller unit，微控制单元）），但在许多运动控制场景（如电摩、机器人、机床、无人机，以及拍照用的云台等设备）中，控制器也会内置复杂的伺服控制算法，这些运控算法往往属于整个产品的核心功能。

（5）执行器。执行器是智能硬件产品的“四肢”，是动作的最终执行者，其常见表现形式为声、光、动力、机械动作、磁力等，典型的执行器如 LED 灯带、电机、电磁继电器等。

（6）传感器。传感器是智能硬件产品的“眼睛”和“耳朵”，是智能设备外界信息采集者 / 输入源，也是智能硬件自我监控、自我诊断的信息源。常见的传感方式有声、光、电、磁等，对应的传感器如超声波传感器、光电感应器、三 / 六 / 九轴陀螺仪、双目相机等。

（7）显示器及音响。显示器及音响等输出设备是智能硬件产品的“嘴巴”，属人机交互部分，也是产品经理有关软件部分 UI（user interface，用户界面）原型图的阵地。具备触摸功能的显示器也可作为传感器的一部分被用于用户的控制信息输入。作为用户交互门户，这类传感器是智能硬件体验感最集中的部分，在易用性上需要产品经理花费较多精力。

（8）操作系统。操作系统是智能硬件产品的“灵魂”，是管理软件和硬件的平台。常用操作系统包括 Linux、Android 以及各种 RTOS（real time operating system，实时操作系统），研发工程师对此很熟悉，但往往硬件产品经理则对此相对陌生。

（9）电源。电源是智能硬件产品的“能量源泉”，负责为智能硬件提供电能。智能硬件产品常见的供电方式为交流电转直流电，或者电池供电（如锂电池和纽扣电池）。另外，锂电池供电常常需要 BMS（battery management system，电池管理系统）模组负责电池的充放电管理。

（10）壳体 / 结构件。壳体 / 结构件是智能硬件产品的“皮肤” / “骨骼”。壳体一般是硬件产品的外观件，在负责保护内部器件的同时，其外观也会影响产品的销量，尤其对 C 端产品而言，好看的外观是吸引消费者的第一步。结构件是硬件设备的支撑部分，它的稳定性直接影响产品的质量和安全。此外，随着精益化生产的兴起，壳体、结构件、各种 PCB（printed-circuit board，印制电路板）的设计、装配也越来越考验产品经理的精益化思维能力。

（11）软件和算法。软件和算法是智能硬件产品的“血肉”，负责将智能硬件产品的各部分组合在一起。软件和算法并不能让人直接感知到，往往只能借助产品的动作、行为来体现它们的作用。如超声波、激光雷达、RGB 深度相机等传感器的数据采集和处理；智能硬件产品与后台服务器的数据交互；随着数据积累而不断自我学习和修正的神经网络算法等，都是软件和算法在起作用。

典型智能硬件系统包括云端、处理器、控制器、传感器、执行器、显示器及音响等，但并非所有的智能硬件都包含上述功能，例如，天猫精灵方糖就不具备显示器。此外，由于模块化、一体机等集成部件的出现，上述系统在物理架构上一般会有合并和拆分的情况，比如，驱动器和电机集合在一起的一体机就是将控制器和执行器合并在一起，蓝牙耳机处理芯片就是将处理器和控制器合并在一起。

智能硬件系统架构可参考如图 1-2 所示笔者团队自行开发的 AMR 系统架构，与 AMR 配合的充电桩设备本身也是一个智能硬件，具备完整的智能硬件系统，此处不再详细展开。

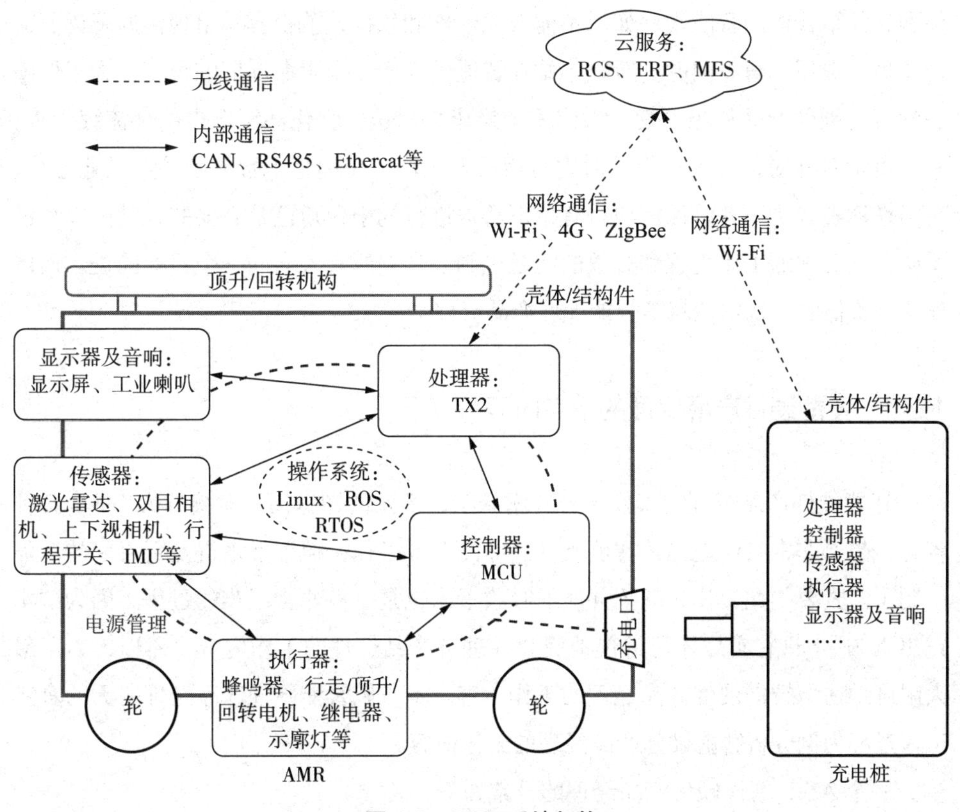

图 1-2 AMR 系统架构

1.2 智能硬件产品经理的中台角色

从前文智能硬件的系统架构可以看出，做一款智能硬件产品需要协同的部门有UI-前端、服务器-云端、后端、ID（industrial design，工业设计）、MD（mechanic design，结构/机构设计）、电子/电气、应用软件、嵌入式设计等。

智能硬件产品在立项、市场调研、需求分析、产品定位等过程中还需要与市场、销售、售前、售后等部门沟通获取需求信息，完成BRD（business requirement document，商务需求文档）、MRD（market requirement document，市场需求文档）、PRD（product requirement document，产品需求文档）等阶段性成果的输出。

另外，智能硬件的生产、发布、销售、维护等过程还需要协同的部门有供应链、生产、销售、市场、运营等。

传统软件行业与传统硬件行业在工作方式、业务流程方面完全不同，而作为硬件和软件结合体的智能硬件如果不能兼顾硬件和软件，就很容易出现沟通障碍、流程死角、责任死角等问题。所以，站在智能硬件产品全生命周期的角度，为了保障一款智能硬件产品从想清楚、做出来、推出去、迭代优化甚至退市的全流程管理，一个负责对外对接市场销售、对内对接研发生产、串起整个智能硬件产品业务线、充当推动者和协调者以保证项目有条不紊地进行的中台角色是必要的，其可以帮助团队建立合理的工作流程和有效的沟通机制，带领所有人向同一个目标前进。而体现这一价值的中台角色就是智能硬件产品经理。

1.2.1 智能硬件产品经理的十二时辰

智能硬件产品经理的工作内容非常繁杂，涉及的知识面、对接的人 / 事也各种各样，想要非常具体地描述智能硬件产品的全部工作，梳理下来得是百万字的鸿篇巨制了。真要如此，让人阅读并能够吸收下来也是一件非常艰难的过程。因为“实践出真知”，只有实战才能最快地吸收并理解产品经理的工作内容。所以，为了最大限度地还原智能硬件产品经理的工作内容，本节以智能硬件产品经理一天的真实工作过程为例分析智能硬件产品经理的工作内容。

一个 AMR 智能硬件产品经理的日常如下。

早上，拎着包子、豆浆在前台刷脸打卡，正好迎面遇上昨天处理现场问题的研发部门的同事 Y，便问问他现在进展怎么样，Y 表示现场现象很奇怪，目前还没有任何头绪，还得进一步排查问题。然后，回到座位打开钉钉先回复用户现场的售前的消息，让售前安抚一下用户情绪，同时也要配合研发部门排查问题。吃早饭的同时，看一下钉钉上有没有领导、老板、现场发来的代表有紧急情况的红点，有就先将之置顶，择机处理。

吃过早饭，看一眼桌面便笺的待办项和关注事项：跟进 xx 现场防尘上视罩开模进度、优化新机型 xx 托盘回转抖动 PID 控制器（proportional-integral-derivative controller，比例-积分-微分控制器）（DVT（design verification test，设计验证测试）阶段）、接待双目相机供应商、撰写新机型 yy 的 PRD……先回复一下来自老板的置顶信息，整理完资料后传过去；在微信群里咨询一下供应商开模进度，确认开模样品的交付时间；这时钉钉又多了几个小红点，原来是售前咨询产品极限性能、场景适配的可行性。然后跟相关的研发工程师沟通几个来回后，还要从测试部门拿到一些内部性能数据，但测试部门的同事是已读未回复，可能正在找资料。刚忙完这些喝口水，结果前台同事打来电话说约好的双目相机供应商已经到了，于是约上采购、研发工程师和供应商交流咨询。到了午饭的时间，Y 依旧还没排查出那个奇怪的现象，测试部门的同事也没有回复消息。

中午休息一刻钟，结构工程师过来提醒硬件结构评审会要开始了，于是便夹上笔记本电脑去参加评审会。不出意外，两个多小时的评审会开完，电脑的便笺上又多了几个待办项。从会议室出来，夹着笔记本电脑找到几个约好的售前工程师，开会讨论一下 AMR 声光交互迭代的 PRD 合理性。一个半小时后，会议结束。

回到工位上，集中处理一下钉钉消息。再次催促一下测试部门同事提供相关数据。10 分钟后测试部门的同事打来电话说他在外出差，提出如果不急的话明天能给出资料。于是，又在便笺上添加了一条待办事项。接了个电话，是市场部门咨询新品发布宣传视频拍摄场地及机器人有没有准备到位，于是约好时间准备“开干”。这时候，Y 发来消息说他已经排查出了那个奇怪的问题，系某传感器通信线损坏，传感器接触不良导致。

到了要下班的时间，赶紧把这两天整理的需求录入需求池以免遗忘，再浏览几家友商和行业公众号的最新消息，看看行业有没有新情报。作为新员工入职培训的产品讲解负责人，还需要跟人事部门确认好下次的新员工培训日期，做完一切合上笔记本电脑准备走人时忽然又想起延迟了几天的 MRD 还没写完，想想还是明天再处理吧。

1.2.2 智能硬件产品经理的工作内容

从“智能硬件产品经理”的名称可以看出，这个产品经理是负责某个具体智能硬件的。实际上，做出产品也只是完成了整个产品生命周期的一小部分，而产品的最终目的是卖出去给公司盈利，所以生产制造、产品维护、市场营销、产品迭代等都是非常重要且不可或缺的一环。只偏重某一个环节那就不是产品经理的职责，而是每个细分环节具体职能人员的职责。

下面将从这平凡普通的一天入手，拆解、分析产品经理的工作内容。

1. 保持对行业的敏感性

保持对行业的敏感性对应的是智能硬件产品经理十二时辰中“再浏览几家友商和行业公众号的最新消息，看看行业有没有新情报”部分内容。

作为产品经理，怎样保证规划 / 迭代的产品是符合市场预期并且在同行竞争中处于优势地位？很重要一点就是了解行业，了解场景，了解友商产品。任何产品一定是市场价值导向的，是市场需求要得到满足催生的。产品的优化 / 迭代一般是友商竞争倒逼，或者自家需要降本的结果。

假设要开发一款新型的适应电子厂搬运 PCB 的轻量型 AMR，那么产品经理就要知道这个行业里的货架及托盘尺寸、载物质量、导航及避让方式等情况，拿到这些数据后，再结合友商的同类型产品做分析，才能输出更加合理的产品需求。

或者说友商又新推出了迭代产品，那么它优化的性能、指标都应能与自家产品及时对应并做好竞品分析，这既可能是同类产品优化迭代需求的引入，也可能是新产品的设计方向参考。三人行必有我师，多看多学才能保持灵敏的产品嗅觉。硬件产品经理能咨询的信息通道很多，比如，行业公众号、展会、友商样册、抖音、B 站等。

当然，与业内专业人士的信息分享、资讯交流也是一个重要的行业信息获取渠道。硬件产品经理要编织一个以自己为中心的业内专业人士人脉网，形成自己的“小圈子”。如何让友商的产品经理、售前售后等相关人员愿意分享信息？除自己的产品实力过硬外，高情商也是一个重要部分。

2. 项目管理

项目管理对应的是智能硬件产品经理十二时辰中“新机型 xx 托盘回转抖动 PID 优化（DVT 阶段）”和“硬件结构评审会”部分内容。

项目管理也是对需求实现的管理，就是将产品从 PRD 纸面参数落地成可售卖产品的管控过程，这个过程主要就是与研发、供应链、测试、生产工艺打交道。站在产品经理职位的角度来看，项目管理看似属于项目经理的管理范围，实则是产品全生命周期的一部分。这就像产品经理也要熟悉产品的工艺、生产制造、销售等流程一样，这些流程都是产品全生命周期中的一环。关于产品经理对项目管理的参与程度，不同的企业有不同的要求，有些企业产品经理要全权负责项目管理，而有些企业则是以辅助的角色参与，项目管理由专业的项目经理负责。

前文提及产品的“托盘回转抖动 PID 优化”处于产品的 DVT 阶段，这个阶段的产品已经能看到落地的曙光。

项目管理的方法论是个大课题，后续章节也会粗略阐述。当然市面上也有 PMP 课程，进行专业化的训练也是学习项目管理不错的选择。

3. 专业文档编撰

专业文档编撰对应的是智能硬件产品经理十二时辰中“新机型 yy 的 PRD 撰写”和“延迟了几天的 MRD 还没写完”部分内容。

文档编撰是产品经理最基本的工作要求，MRD、PRD、转训资料、市场资料、培训资料等无一不需要产品经理耗费大量的精力去处理。作为产品经理的重要产出物，对文档而言文采辞藻只能是锦上添花，用词恰当、参数准确才是文档的核心价值，尤其是具有参数的文档在编撰过程中一定要与相关部门做好沟通及校对工作。此外，产品经理负责的文档多具有持续迭代属性，因此文档的版本管理、变更记录一定要按规执行，文档的发布也要从正式的归口流出，切记，私下“哥俩好”的情况不要发生，请对他人负责，对自己负责。

4. 需求分析

需求分析对应的是智能硬件产品经理十二时辰中“AMR 声光交互迭代的 PRD 需求合理性讨论”部分内容。

需求分析可谓是产品经理能“贴在脸上的标签”了。需求无处不在，但产品经理得分辨出什么是真实需求、什么是伪需求。要辨别清楚这些其实并不容易，需要产品经理不断地自我修炼。譬如，一个售前问题：“客户需要在自动门上安装深度相机，用来在识别到 AMR 后自动开门”，那么，加装深度相机就是解决方法，但这也只是解决客户问题的充分非必要条件。当然，加装相机也是伪需求，因为有成熟的 RCS（robot control system，机器人控制系统），作用是实现多机器人调度控制，业界也有其他缩写组合，但功能相同+ModBus TCP/IP 远程模块的低成本解决方案；识别 AMR 自动开门才是客户的真实需求，产品经理必须准确抓住客户要解决的根本问题，千万不要直接按客户的想法加装深度相机。虽然使用深度相机的方案能解决客户问题，但也因此失去了产品的性价比，并且增加了技术开发和方案实施成本，这是个被动且没有价值的事情。

5. 方案评审

方案评审对应的是智能硬件产品经理十二时辰中“结构工程师过来提醒硬件结构评审会要开始了”部分内容。

纵然 PRD 的内容并非绝对正确，但不受 PRD 约束的产品开发很难“落地”。

PRD是产品开发的纲领性文件，能够贯彻它的手段很大一部分取决于方案评审环节是否能把控得当，方案评审环节很能考验产品经理对产品的担当和责任，除非不可抗因素需要产品经理向PRD的需求让步，否则应尽量不接受因方案限制导致的产品偏离项。

在产品项目前期，方案评审有时候是个反复拉锯的过程，从整个产品生命周期来看，产品经理心里始终要有“一杆秤”，那就是“设大得中，设中得小，设小不得”。

6. 产品运营

产品运营对应的是智能硬件产品经理十二时辰中“现场xx防尘上视罩开模进度跟进”“把整理的需求录入需求池”以及研发工程师排查客户现场的“奇怪现象”部分内容。

广义上讲，产品运营的涉及面很大，从智能硬件产品经理日常工作内容来看，主要包含以下3类。

（1）跟进生产、测试、客户现场的问题解决→问题分析→问题归类→需求提炼→需求可行性分析→现有产品的优化迭代，以及规避还处于规划类产品的风险。

（2）行业信息收集、应用场景细化。

（3）非需求类信息整理，反哺售前、销售、售后等其他部门，例如，输出合规性操作指南、培训赋能等。

7. 售前支持

售前支持对应的是智能硬件产品经理十二时辰中“售前咨询产品极限性能、场景适配可行性的事情”部分内容。

作为中台部门，售前支持是公司产品信息的汇集地，掌握了最全的产品性能参数数据。以AMR产品为例，其应用场景非常复杂，且作为一款标准产品，其对外公布的产品性能数据相对中规中矩。一些场景是否可用该款产品？售前人员在不清楚的情况下需要产品经理的介入获得产品经理更专业的评估和确认。甚至，针对一些重要客户或者特殊使用场景，产品经理还要随同售前及销售对接客户或考察客户现场，支援售前工作。

支援售前本质上也是产品经理成长的过程，对行业的理解、场景的掌握、需求的引入，以及待人接物方式方法的感悟都能在支援售前的过程中得到提升。

8. 关注核心组件

关注核心组件对应的是智能硬件产品经理十二时辰中“约好的双目相机供应商已经到了”部分内容。

智能硬件产品的核心组件往往决定了整个产品的性能上限，而其换代，往往也得益于核心组件的技术性突破。另外，产品经理不知现有的核心组件的性能表现，其实就是对自家产品的延展性没有充分的把握，对产品性能边界的判断缺乏依据，那么优化迭代、增效降本的工作也就无从谈起。

接着说双目相机，前几年的标杆产品——Intel 的 D435 双目相机在 AI 视觉领域大火特火，但这个产品已经被 Intel 宣布停产，使用此相机的产品想要持续发展，靠市场上的存量 D435 是不够的，需要稳定的替代品。保障供应链稳定固然要寻求“二供”“三供”，但产品经理如果不知道这样的行业信息，那么至少他对产品的风险管控是失败的。拿 AMR 来说，激光雷达的国产化替代、行走系统（驱动器、电机、减速机）一体化设计、锂电池的增容降本、双目相机国产化等核心组件的技术迭代代表的就是整个行业的产品方向。

此外，关注核心组件并不仅是关注核心组件本身，还应理解核心组件的性能与场景应用之间的关系。比如，激光雷达在 AMR 产品上的应用应注意以下性能与应用场景之间的关系。

（1）角分辨率：角分辨率越高，雷达点云数据越细腻。高的角分辨率能提高软件对精细目标的分辨能力和数据可靠性，从而帮助 AMR 更加准确地识别出行人和障碍物，进而更精确地规划行车路径并避开潜在的危险情况。

（2）视场角：视场角越大，激光雷达可覆盖的区域范围就越大，AMR 对周围环境的感知能力也就越强。较大的视场角不仅可以减小 AMR 对周围环境的感知盲区，还能帮助 AMR 匹配更多的环境特征点，从而提高 AMR 的定位精度。

（3）线数：线数越多，意味着激光雷达可以同时获取的数据点越多，点云数据对周围环境的描述精度和真实性也就越高。在人机混场、线边仓位置变动较大的制造业场景，线数越多的雷达越有优势。

当然，激光雷达的性能指标越高，制造成本也就越高。因此，在选择激光雷达时，要在成本和性能之间寻找平衡。在环境描述要求高、性能要求严格的应用场景中，需要选择角分辨率高、视场角大、线数多的激光雷达来满足精细化的感知需求；而在成本敏感的应用场景中，客户会更倾向于性能指标适中但性能稳定的激光雷达，以实现AMR产品的最优性价比。同理，产品经理关注的其他核心组件也与激光雷达类似，对核心组件性能指标的应用、场景适配、成本和性能的平衡等方面要有深刻的理解和掌握。

9. 业务培训

业务培训对应的是智能硬件产品经理十二时辰中“我跟人事部门确认好下次的新员工培训日期”部分内容。

产品经理的业务培训分为以下几种。

（1）新产品推向市场时，产品经理需要对售前及市场部门赋能，了解产品的特性及应用场景，这时候输出的市场资料越详细就越有利于产品的前期推广。

（2）产品迭代及常规问题解答。在工作中产品经理往往积累了一些其他业务部门经常咨询的问题，最好结合案例举一反三，输出方法论，毕竟授人以鱼不如授人以渔。

（3）新人入职培训，目的是帮助刚入职的员工快速地了解自家的产品。这个培训内容不宜太深，应以视频图片为主结合实例讲解。

业务培训看似是一个纯“输出”的活儿，但实际上对产品经理大有裨益，因为这个过程本身就是产品经理自我复盘、自我总结的过程，只有努力向内“挖掘”，才能对外“输出”自如。

10. 领导的其他任务

领导的其他任务对应的是智能硬件产品经理十二时辰中“先回复一下置顶的老板信息”部分内容。

领导的其他任务也许是准备资料，也许是通知要办一件事。这些工作可能并不是产品经理的“主线”任务，但确实是非常重要的工作内容，具体事项此处不再赘述。

上述内容并不能全面概括产品经理的职责范围，笔者概括产品经理的工作内容就是综合考虑市场、技术、设计、团队、生产、运维、渠道，然后找出最优解。

1.3 硬件产品经理应具备的职业素养

智能硬件产品经理需要具备的能力很多，但笔者认为主要集中在3个方面，分别如下。

（1）做好产品的整体规划，也就是规划好产品路线。

（2）注重实践，用数据和事实说话，尊重科学发展规律。

（3）影响产品竞争力的核心之一——保持敏感的成本意识。

1.3.1 前瞻性规划

一名产品经理应具备需求分析方法论基础，能合理地提取需求，保证业务能正常开展；而一名合格的产品经理还应能主动发掘需求，做好产品全生命周期管理，保证整条产品业务线的贯通；一名优秀的产品经理更应具备前瞻性的产品规划能力，要做好产品分级，制定好产品路线方向，让产品走得更远。

技术深刻地影响着当下人们的生活，甚至可以说，没有科技的变革就没有产品经理这一职位。当然，这并不意味着产品经理必须深刻地了解技术，只是技术的发展方向对产品形态、场景应用的影响要引起产品经理足够的重视，尤其近年来的电子产业日新月异，器件性能越发优异，加之 AI 技术的大爆发（如新兴的大数据模型 ChatGPT），智能硬件产品的迭代速度越来越快。基于图像识别技术而衍生的视觉定位、碰撞检测、路径规划、物体识别等功能在未来机器人的应用上会越来越重要，假如没有这些功能，V-SLAM 也就无从谈起。另外，与图像识别技术本身相关的 GPU、YOLO 系列训练模型、高性能 AI 边缘计算终端等技术的现状及应用都需要产品经理有较为全面的了解。面对技术的变革，成为像乔布斯这样的超级天才产品经理可能性虽然不大，但成长为一名对技术的应用有深入理解的产品专家还是有希望的。

趋势和规律往往来源于对市场数据的分析或客观规律的总结。例如，硬件产品经理经常接触到 3C 电子相关的项目，这些项目对 AMR 的要求往往有着有别于其他行业场景但又集中体现，如节拍、车宽、车高、车与托盘（业界叫 Tray 盘）的对接精度等。假如还没有针对 3C 场景的 AMR 产品，那么 PRD 该如何保证各类 3C 场景的通用性？假如已经有针对 3C 场景的 AMR，那么它的差异性设计是否能快速满足不同项目的定制化需求？这些需求的来源是否有统计结果或行业趋势分析做支撑？

另外获取趋势和规律并不一定完全需要产品经理自己去做原始的数据分析，找对了途径和渠道做事就会有事半功倍的效果。例如，在 B 端，由于业内产品的销售信息属于企业机密，所以市面上流传的关于某产品或某功能的信息情况鱼龙混杂，并不一定准确。这时候产品经理往往可以从业内比较有名气的上游供应商或下游经销商和系统集成商那里获取一些相对真实的市场趋势信息。上游供应商可以从源头提供出货信息，而下游经销商和系统集成商可以提供真实客户成单数据或趋势。多调研一些这样的相关方信息可以防止数据出现“幸存者偏差”，而将上下游信息相互映照虽不能获取完整的市场数据，但获取的市场趋势和走向还是可以很清晰的，这可以为产品经理做决策提供事实依据。当然，与上下游渠道方建立联系并保持深入的沟通还是要花费一些力气的，可能需要个人的人脉资源，也可能需要公司力量的介入。

技术、规律、趋势是“输入”，预测则是“输出”，也是产品经理前瞻性规划的依据。产品经理需要根据已知信息对未来的市场做预测，并据此定义产品形态或迭代方向，力争能在市场导入上获得先发优势。前瞻性的规划着眼于未来的产品战略布局，而往往这种未来的规划会持续地动态变化，正好应着华为的口号：“方向大致正确，组织充满活力。”那么从“组织充满活力”的角度来说，在下一个即将到来的时间窗口里，产品经理对产品的规划是什么样子？在可预期的产品生命周期内，产品的兼容性（如核心零部件的互换性）、可拓展性（如版本迭代的功能累加）、可裁剪性（灵活的功能组合，满足多样化的场景需要）规划和设计该是什么样的？这可能会直接影响到产品能不能撑到下一个产品形态大变革时期。

1.3.2 实践出真知

智能硬件产品经理是一个强实践的职位，原因在于该职位涉及的领域和业务环节很多。这些知识和操作方法虽然能被轻松获取，但不经实践检验就不能真正地被人掌握。

比如，产品外观件在被评审的时候往往会被渲染模型的表现强代入为实际产品的展示。而其在被实际加工时往往会出现 3D 打印的表面粗糙度过大、油漆有色差、零件有干涉的情况，这些情况在渲染图上是体现不出来的。又如，AMR 有三级避障区域的划分方式，但是如果不在用户现场实际跟随着 AMR 的路径，仅以 AMR 的视角来观察场景就很难想象出激光雷达或深度相机扫描到行人、墙壁、货架腿的避障逻辑该怎么设计、AMR 对突然冲出来的行人或叉车该采用怎样的避让策略。只有去了代工厂，看到 CNC（计算机数字控制）加工车间、模具厂、铸件厂、贴片厂的实际加工流程，才会对成本和物料周期有更深的认识。当然，即使没有那么多机会，产品经理也可以通过发达的互联网获取相关的视频和系统的知识脉络。

智能硬件产品经理是一个强实践职位的一部分重要原因在于产品涉及的需求类型是多样性的，这里的需求多样性并不仅指产品层面（比如，外观、结构性能、通信要求、工作环境温湿度要求等），可以往大了扩展，如业务沟通能力的需求，对外与客户的沟通如何进退有据，沟通需求的同时如何避免暴露我方的底线和机密；对内与各部门的沟通如何能做到信息传达通畅并能化解来自项目或其他部门的“冲击”。又如，项目上的任务拆分和安排、风险管理和预警、关键节点的把控和验收等，这些都能被看作是广义上的需求。

可以说，产品经理就是一个移动的业务交互枢纽，应对和处理需求其实就是在做解答题，只是真的试卷是有提示方向的，还能猜一猜，而产品经理的解答题在很多情况下都是开放命题，没有标准答案，做回答时也只能不断地去“实践—总结—实践”，让答案相对更完善。

1.3.3　成本意识

产品能否吸引用户取决于用户获取该产品需要花费的成本。人们下载一个 App 后，若使用体验不好就会直接卸载并寻求类似的产品；一个支持百万级并发量的服务器，同时有 10 万还是 50 万用户访问，对于服务器本身的维护费用而言几乎没有差别。软件产品的复制、分发成本很低，而硬件产品每生产一件都需要付出真金白银的成本，几乎不可能免费向用户提供。所以用户在购买硬件产品时也会比较谨慎。软件产品的另一个天然优势就是可以通过升级的方式持续迭代，提供更极致的用户体验；但是硬件产品的开发和迭代周期长，制造和升级成本投入大，所以硬件产品经理必须在成本方面精打细算，需要更多地从“适合的就是最好的”的角度出发，在用户体验和成本之间寻求平衡点，在满足用户需求的基础上通过各种途径降本，而非一味追求产品各方面极致的表现。

成本意识并不单指金钱成本，还包括时间成本，而时间成本往往与产品经理对内的业务息息相关，主要体现在效率上。因为产品经理对接前后端的业务比较多，信息的有效沟通就显得尤为重要。开发产品最忌讳的就是信息阻塞，前后端信息脱节会造成信息偏差，体现在项目管理上就是信息不能被及时传达到位，使项目团队将精力放在不需要甚至是错误的需求上，增大项目沉没成本，同时也提高了风险系数。在规划产品的时候，考虑到市场的变化和公司自身的能力，以及节省时间和更快地将产品推向市场，有时候为把控风险，产品经理需要将适合第三方开发的部分外包出去，比如，公司存在的技术短板就适合外包开发。但同样是为了使风险可控，有些开发工作则又必须由公司自己完成，比如，供应商供货周期波动幅度大且寻找新供应商时间不充裕的零部件就需要由公司自己完成开发和生产。

无论是考量金钱成本还是时间成本，目的都是能让产品更快、更具性价比地抢占市场。

2

智能硬件产品全生命周期管理

在阐述产品全生命周期之前，可以先从生活中常见产品的生命周期入手，理解智能硬件产品的生命周期。

假设有个大爷打算卖馒头，于是他从零开始思考馒头这个产品的生意该怎么做，如下所示。

（1）我要卖给谁？街坊邻居还是机关单位？大概能挣多少钱？

（2）周边其他馒头店的成本价和出货价是多少？馒头大小、色、香、味如何？

（3）我要做什么样的馒头？靠什么亮点跟邻街大姐的馒头店竞争？

（4）用什么等级的面粉？用什么样的水？用什么酵母？发酵时间要多久？

（5）经过多次实验，馒头品质达到可卖的程度，现在要大批地生产售卖了，目前的人力资源和设备生产水平跟不上，该怎么办？

（6）馒头卖了一段时间后，发现邻街大姐的馒头店出了新花样，吸引了不少客户。要不要也搞点新花样？

（7）发现另一个品牌的面粉品质更好、价格更优，是否要换原料？

（8）现在国风比较流行，是否可以考虑在包子上融合国风素材？比如水墨画元素？

（9）周边街区的服务行业从业人员比较多（如外卖小哥、清洁工等），是否需要考虑针对这些人员展开营销活动（如成本价的折扣、免费茶水等），以提升品牌形象、扩大宣传？

……

从产品全生命周期的角度来看待大爷卖馒头这件事，可以发现以上问题反映了几个阶段。

步骤（1）~（2）对应的是市场调研、竞品分析、输出 MRD 阶段。

步骤（3）对应的是产品 PRD 输出阶段。

步骤（4）对应产品研发阶段。

步骤（5）对应产品 EVT（工程验证测试）、DVT（设计验证测试）、PVT（生产验证测试）过程。

步骤（6）~（7）对应产品运营期间的竞品分析、产品迭代、产品降本过程。

步骤（8）~（9）则是产品规划和品牌影响力建设阶段，考虑的是产品的可持续发展战略。

大爷在卖馒头的时候可能并没有考虑产品全生命周期的概念，他只是遵循事物的发展规律在需要做出行动的时候顺势而为。是笔者在做产品系统性思考的时候梳理大爷卖馒头的过程，总结了大爷卖馒头的全生命周期管理。

产品全生命周期管理实际可以被称作“产品全过程管理”，直白地说，就是产品从无到有，从好到优，以及可能出现的产品退市过程中的产品管理。

智能硬件产品涵盖的范围非常广，小到蓝牙耳机、智能手环，大到高铁、飞机，不同规模和不同类型的产品所适用的产品全生命周期管理也不完全相同。下面将要阐述的产品全生命周期管理适合市面常用的产品，当然，不同公司、不同行业的管理方式也会有不同程度的差异。

市面上关于产品全生命周期管理的资讯非常丰富，以某款 AMR 产品为例，其全生命周期管理的过程如图 2-1 所示。

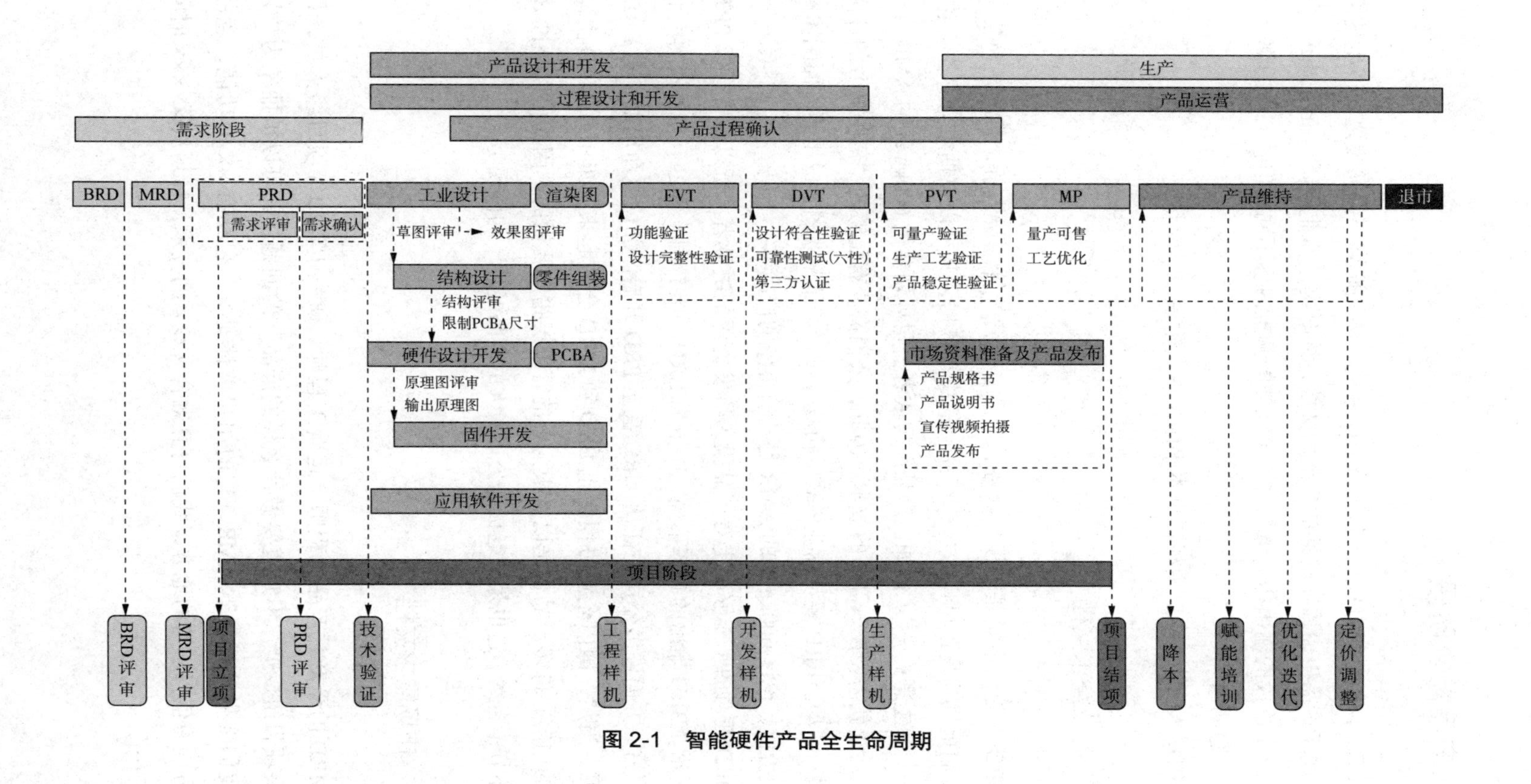

图 2-1 智能硬件产品全生命周期

2.1 产品需求阶段

BRD、MRD、PRD这三个文档是产品从市场调研到产品研发之间产生的重要文档，属于产品生命周期前期的规范性文档，同时也是商业调研、市场调研、需求输出这三个阶段的输出物。虽然这三个文档的侧重内容不同，但核心做的都是一件事——“想明白”。

BRD、MRD、PRD模板详见本书附录一、附录二、附录三。

2.1.1 商业需求文档

BRD的受众主要是老板、财务、产品、运营等管理层人员，目的是为公司的决策者们提供“是否可以做这个产品”的决策依据，其可以被抽象为“各位老板，我有一个好主意……”。例如，产品经理或者公司规划要做600kg级的AMR，一旦立项，后续就需要投入高昂的成本。因此，公司需要有足够的“值得做”的理由来支撑这一活动。BRD要从商业模式、市场分析、产品路线图、成本等方面阐述产品的商业价值，论证600kg级的AMR是“值得做的产品”。

BRD面对的是能够决定对产品投入研发资源的决策者，所以常常会以PPT的形式展示。BRD输出的频率不高，一方面BRD主要针对全新的、市场潜力大的新产品，另一方面许多公司往往从MRD甚至PRD开启产品的生命周期，对BRD缺乏重视。当然，国内企业习惯于把BRD和MRD合并起来，集中在MRD上阐述BRD的内容；许多产品也是以老板为首的管理层指定要做的，因此可以跳过BRD这一环节（当然，这也是“老板是公司最大的产品经理”的体现）。

2.1.2 市场需求文档

MRD的受众是产品工程师、运营工程师、研发工程师等项目组人员，目的是解决项目组成员“不知道要做什么样的产品”的问题，其可以被抽象为“兄弟们，我们要做这样一款AMR，它的用户群体是×，它具有××的功能，竞品在×××方面有值得学习的地方，我们打算融合××××的技术，计划从×××××时间开始做……”

MRD 是对 BRD 商业意图的进一步细化，其由产品概念具化为目标用户市场、产品功能组成、研发资源分布、产品运营等具备可执行性的步骤或规划。MRD 可能承接的是 BRD，也可能是已有产品的迭代（可以不需要 BRD）。

2.1.3 产品需求文档

PRD 的受众是项目经理，以及研发工程师、测试工程师、运营工程师等人员，目的是让项目经理可以划分任务包；研发负责人能依据 PRD 拆分功能；研发人员能依据 PRD 获取具体的实现目标；测试人员能依据 PRD 撰写测试用例等。PRD 的目的可以被抽象为“兄弟们，我们要做的 AMR，它载重 600kg，使用 SLAM 激光雷达，长宽为 $x$cm × $y$cm，可在线清错，满足 OTA 升级需求……”

PRD 就是 BRD、MRD 产品概念的图纸化、参数化产出物，讲的是这个产品“是什么”，它的“血肉、骨骼、器官”是什么样子。PRD 让产品从抽象的概念落地为非常详细的产品技术指标，使项目组内各个协作单元都能根据 PRD 找到自己对应的具体任务目标。可以说 PRD 的详细程度和准确度直接影响着研发项目的可控性及产品最终落地的质量。

PRD 在定稿之前一般会经历两个重要的节点：需求评审、需求确认。这两个过程节点保证了 PRD 的准确性、使项目组成员完全理解 PRD 需求，缺一不可，否则项目进行过程中“是驴是马，是芝麻还是烂谷子”的事情就有得纠缠了。

1. PRD 需求评审

PRD 评审是项目组内成员关于产品信息的同步和确认过程，其目的是让所有项目组成员集中进行充分的沟通讨论，因此，产品经理要对 PRD 中的每一项功能、每一个技术指标、每一个参数要求进行有理有据的介绍并让所有成员理解文档中的需求，确保后续执行中不会有因需求理解偏差导致扯皮的情况出现。比如，AMR 进坞充电时相关的灯光语音策略及其依据（此处为简化处理，非真实内容，实际上灯光的颜色、频率，语音的播报内容、播报周期等都需要详细的定义）如表 2-1 所示。

表 2-1　AMR 进坞充电时的灯光语音策略及其依据

<table>
<tr><th>需求项</th><th>策略</th><th>依据</th></tr>
<tr><td>倒车进坞</td><td>黄灯闪烁，倒车语音提醒</td><td rowspan="3">实时性：视觉上的灯光提醒，机器人状态信息传递速度最快；
易用性：视觉可以解决距离远的问题，听觉可以弥补视觉盲区；
易维护性：故障恢复操作步骤进行语音播报</td></tr>
<tr><td>进坞充电成功</td><td>蓝色呼吸灯效果，无语音播报</td></tr>
<tr><td>进坞充电失败</td><td>黄灯闪烁，充电失败语音提醒，下一步引导性操作语音提示</td></tr>
</table>

PRD 评审时，产品经理要清楚不同职能的项目组成员需要关注的重点，并在会上得到需求传达完整的确认反馈。另外，哪些风险点是需要提前说明的，哪些需求点是不容易理解的？都要重点解释清楚。简单的 PRD 需求有时可以被一次性通过，而复杂的 PRD 评审则往往需要多次的评审确认才能通过。

2. PRD 需求确认

PRD 需求评审是产品经理向项目组成员详细讲解 PRD 需求，对齐产品具体实现要求的过程，而 PRD 需求确认则是负责实现相关需求任务的项目组成员（主导者或具体实现者）向产品经理及其他项目组成员描述自己对 PRD 需求的理解，与相关职能角色相互印证，防止对需求出现理解偏差的过程。

PRD 需求评审和 PRD 需求确认从一正一反两个角度的评审策略实现了 PRD 需求充分沟通的信息闭环，能有效减少项目研发过程中发生需求纠偏的可能性。但实际情况却是许多公司往往只关注 PRD 评审，而鲜有关注 PRD 需求确认环节。另外，PRD 需求评审和 PRD 需求确认环节中，完整无误的需求对齐只是理想状态，实际几乎无法实现，因此，只能通过合理有效的手段去减少理解偏差而无法完全避免其出现。事实上，需求的沟通可能会持续贯穿整个项目周期。

2.2 项目开发阶段

在 MRD 评审完成之后，项目经理就可以根据 MRD 的产品功能大纲与各个相关部门沟通确定项目组成员，并在立项工作准备完成后召集项目组成员组织项目立项会议。项目立项会要对项目的背景、目标、范围、资金预算及执行计划等做出详细的介绍，目的是使所有与会人员对项目整体的实施脉络能够清晰明了，还要考虑项目进行期间可能存在的风险，在提前预警的同时，还应制定相应预防措施，消除或减少不可抗因素给项目带来的不确定性影响。

在产品开发之初，产品经理是对产品最了解的人，所以产品经理可能也会兼任项目经理，负责把控产品从需求到研发项目完成的全过程，这要求产品经理也要具备一定的项目管理能力。产品经理也可以只负责产品的需求阶段，另遣项目经理负责项目阶段，并以项目经理为主，由产品经理辅助项目经理进行产品完成度的把控。此外，有些公司还会设定研发负责人的角色，用以辅助项目经理进行研发过程中的技术分工、技术风险评估、人力资源调配等内容。

2.2.1 产品设计和开发

当产品需求被确定后，产品设计和开发阶段就是对产品 PRD 需求的拆解，项目组内各研发职能岗位需要输出对应的机械图纸、电气原理图、ID 工业设计模型、软件技术方案等前期的技术资料，经过技术专家的评审通过才能进入项目的下一阶段。

产品设计阶段可被理解为解决产品具体“怎么做”的问题，也是产品从无到有的开始。

在立项之后，产品经理会主导 PRD 需求评审和 PRD 需求确认，在 PRD 最终定稿之后，项目经理会根据 PRD 的内容主导按研发属性将产品开发需求拆解为若干任务包。对应职能的项目组成员需要根据领受的任务进行更为细节的产品开发工作。一个典型智能硬件产品的设计阶段主要包括工业设计、结构设计、硬件设计、固件开发、应用软件开发 5 大块。

在研发设计阶段前期，面对一些没有把握的技术实现方案，技术人员会进行可行性摸底验证测试。在硬件阶段会使用软件仿真、采购相应的开发板或现有的组件模块来验证电路设计方案的可行性；在结构设计阶段会使用三维制图软件进行有限元分析，必要情况下还会对开发加工样品进行测试；在固件和应用软件阶段会通过搭建 demo 的方式验证相关功能。

产品设计阶段结束后，将工业设计阶段输出的外壳造型、机构设计阶段输出的零件、硬件设计阶段输出的 PCBA、电气线束及各类电子模组组装，再搭配固件、软件就输出了 EVT 阶段设计验证使用的工程样机。

1. 工业设计

工业设计阶段是产品外观的设计阶段，也是将产品以最直观的方式展现给用户的过程。工业设计时要兼顾产品的用户体验，人体工程学，产品简洁清晰的外观、材料选择和质感、可靠性和耐用性、安全性和隐私保护、可定制性和可拓展性，以及外观形状与产品内部构造的吻合度等多个方面。

对于 C 端产品（如无线耳机、智能手机等），外观的体验满意度会直接影响产品的销量，所以对外观的设计一般会交给专业的设计师。工业设计需要由专业的 ID 工程师完成，但产品经理在 PRD 中要对工业设计需求做相关的描述或要求，必要情况下可对外观材质、工艺、配色做具体要求。

工业设计往往会与结构设计同步进行，许多情况下工业设计与结构设计是强相关的，工业设计的外形往往受制于结构设计，而结构设计又要最大限度上支撑工业设计要求，所以在工业设计和结构设计定型之前，两者往往需要互相参考和印证，经过多次的沟通评审输出工业设计效果图初稿，这个过程需要产品经理不断对齐双方信息并深度参与优化、改进的讨论过程。工业设计效果图设计方案的评审需要结构设计工程师参与讨论。工业设计评审定稿后，工业设计人员会输出产品渲染图，用于支撑后续产品相关资料的撰写、市场推广、产品运维等工作。

2. 结构设计

结构设计的好坏会直接影响产品的使用寿命和成本，因此智能硬件产品的结构设计需要考虑产品的尺寸形状、材料选择、连接固定、通风散热、安全防护、DFM 可制造性等因素。

在整个研发项目系统设计阶段，对结构设计人员的空间敏感度要求很高，除要兼容工业设计之外，还要考虑到硬件设计时 PCBA 的尺寸及元器件空间布局情况。如果从公司经营的角度来看，工业设计、结构设计、硬件设计就是互相持股的 3 家公司，你中有我，我中有你，离开了谁都不可以。

下文以某 600kg 级 AMR 的例子来具象化结构设计要考虑的方面。

（1）尺寸形状：分段式底盘设计可以保证驱动轮不打滑、不悬空、具有足够抓地力；车体对角或车前后部位需要给雷达预留足够空间。

（2）材料选择：铸铝底盘可以减轻整车质量，托盘硅胶垫在防滑的同时可以导走静电，泄放电荷积累。

（3）连接固定：设计内部电气线束走线通道及固定支点。

（4）通风散热：组态仿真车体内部空间热对流，为电池、PCBA、电机等电气组件设计散热通道。

（5）安全防护：合理设计顶升连杆支点跨距、从动轮的偏置位置，增强负载偏置能力。

（6）DFM 可制造性设计：在满足连接性能的前提下使用尽量少的螺丝规格。

……

结构设计要进行实体的零件加工（包括外协 CNC 加工、热处理、磨具制造及精调等），在零件加工周期较长或采购渠道波动的情况下，零部件不能按时交付往往是系统设计阶段样机无法按时交付的制约点。结构设计完成后外发加工出产品样机的所需零件，组装后就是 EVT 功能样机的结构主体。

3. 硬件设计

硬件设计阶段要考虑整个智能硬件产品的处理器、控制器、执行器、传感器、电源等组件的位置分布及各种连接线缆的接口形式。有 EMC 认证需求的产品还要使用合适的滤波器和电磁屏蔽材料。在硬件设计阶段，热管理也是一项重要的风险项，对一个已经推向市场的产品而言，因热管理失效引起的故障会占据总工单相当大的比例。

再以某 600kg 级 AMR 为例来具象化硬件设计要考虑的方面。

（1）电池充放电回路设计、PCBA 板电源规划设计、防漏电设计。

（2）激光雷达、防撞触边、行程开关、双目相机等传感器接口设计。

（3）各电机驱动器、电机、传感器等模组的线缆设计。

（4）PCBA 热管理设计，PCBA 尺寸与机械结构防干涉设计。

（5）电阻、电容、电源芯片、主控芯片等电子元器件的选型。

……

4. 固件开发

固件（firmware）虽然最终需要在 PCBA 上验证，但硬件设计方案输出后即可开展固件的开发工作，这样硬件设计和固件开发就可以同步进行。固件也隶属于软件，只不过固件实现的是智能硬件产品最基础、最底层的软件功能，实时性较高，常常是智能硬件产品动作执行机构的控制单元。如果将应用软件比作智能硬件产品的大脑，那么固件就是功能各异的器官组织。

固件的功能一般是固定的，修改或升级的频率较低，但也要具备程序升级的功能以增加产品的可拓展性。固件的 BSP 调试和 PCBA 电气功能验证往往有很大的重合度，也就是验证 PCBA 电气功能好坏的过程也是调试和验证固件 BSP 的过程。

在 600kg 级 AMR 的例子中，固件主要存在于各种型号的 MCU 中，对接着电源管理系统（BMS）、传感器信号采集、机器人灯光显示控制、CAN 及 RS485 工业总线的对接等工作。

5. 应用软件开发

应用软件与硬件的耦合是最低的，大多数情况下只要确定应用软件的运行平台及约定好 API 接口即可进行应用软件的开发工作。

在智能硬件产品中，应用软件的涵盖范围较广，服务器、后端、前端、UI 界面、APP 及硬件产品中的业务软件均属于应用软件。

在 600kg 级 AMR 的例子中，图 2-2 以电池电量信息传播路径图来表现固件和应用软件在整个软件系统中的位置。

图 2-2　固件和应用软件在 AMR 软件系统中的位置

在系统设计阶段，应用软件往往最早开始进入开发阶段，即使在产品上市后，人们常说的功能开发也往往指应用软件层面的软件功能开发。

智能硬件中的软件往往需要长期更新，因此从系统设计开始，软件会一直处于不断更新迭代的状态，这些软件也是整个智能硬件产品中最影响用户体验、更新迭代最快最频繁的部分。常见的产品概念如 bug 修复、体验优化、“打补丁”等基本都是在跟应用软件打交道。

2.2.2 技术方案评审

“工欲善其事必先利其器”“选择大于努力”。产品的研发过程是否顺利，研发的实现与产品需求偏差有多大，产品能否落地，这些往往取决于系统设计阶段的技术方案选择是否得当。绝大多数失败的产品不是因为技术方案有问题，而是因为产品缺陷导致研发周期延长、费用成本过高，最终产品无法落地。对缺陷而言，越早发现，进行修正所需要花费的成本越低，因此产品在系统设计阶段的各种技术方案评审就显得尤为重要。

1. 工业设计-原型图评审

产品经理应重点关注的方面如下。

1）品牌价值

产品外观应与公司的品牌形象契合，与已有产品系列差异化的同时要保持一定的统一。比如，保持主体为企业色的同时，添加其他符号和元素用以体现产品的独特性。

2）用户体验

关注人机交互设计、人体工学设计、外观件的易拆易维护。例如，AMR 的显示屏微微向上倾斜以迎合人眼从上向下的观察视角。

3）可靠性

材质选择、IP 等级防护、外观件与内部结构的防干涉、产品装配工序可制造性等。

2. 结构设计-结构评审

产品经理应重点关注的方面如下。

1）结构的安全性和可靠性

产品的第一要素就是安全可靠，而安全性和可靠性也是产品设计的重中之重。比如，评审 AMR 时要重点审查抗负载冲击及抗负载偏置的能力。

2）结构设计及零件布局合理性

一般来说智能硬件产品空间尺寸不会太大，壳体内部空间的防干涉、可制造性、易拆卸易维护性、重要零部件可拓展性、线束走向及接口装配、热对流散热性能等要综合考虑。典型案例如 AMR 电池快换机构的设计要综合考虑电池形状、顶升连杆铰链运动空间、外壳开孔位置、底盘强度等要素。在许多情况下，没办法保证所有想要的功能都能实现时就只能权衡利弊，有舍有得才能找到平衡点，甚至在必要的时候，结构设计的架构都可能需要改动很多次。

3）材料选择和零件寿命

设计产品时需要综合考虑零件或连接介质是支撑性、连接性，还是美观性的，以此来选择合适的材料。例如，自润滑连杆轴套的需求是支撑、耐磨、抗压性，铸铝底盘的需求是抗压、抗震、质量轻；选择合适的材料才能确保零件在设计寿命内安全可靠地运行。

4）模块化设计

不同产品模块化设计侧重的方面并不相同，例如，AMR 类产品的一体机设计（控制器（驱动器）、执行器（直流电机）、减速器（减速机）一体化）、分布式储能设备的锂电池及 BMS 的模块化设计等。模块化设计可以提高模块系统的稳定性，使组装和售后维护时具备互换性，降低生产和售后成本，提高产品良率。

3. 硬件设计－原理图评审

产品经理应重点关注的方面如下。

1）电源管理和散热管理

电源系统的降额余量是否足够、电路散热通道及散热形式是否合理等都是产品经理需要重点关注的。比如，控制器若使用的是金属外壳，那么电路板与金属外壳之间填充散热胶就是一种典型的加强热传导的散热设计。

2）安全保护

防过热、防静电、防过压、防过流设计也是产品经理需要重点关注的，典型的如线缆接插口使用TVS管（transient voltage suppression diode，瞬态电压抑制二极管）防浪涌电压设计，弱电采集信号采用高阻抗限流保护设计。

3）可维护性

产品的可维护性体现在电源及信号接口的易拆卸、接口线缆应与机械结构件之间保持足够的装配空间等方面。笔者曾经历过某智能硬件产品的电池供电线束的装配干涉问题，在原理图评审和结构评审期间均未发现线束接头与外观件存在干涉的情况，在 EVT 阶段该问题暴露后，产品局部结构和电路板形状被重新设计，项目周期也被拉长了。

技术方案的评审对产品经理的技术功底有一定的要求，尤其技术方案的评审内容往往并不是相对独立的体系，需要产品经理在空间想象力、信息通信系统、运动控制系统、加工制造、装配工艺等产品整体的系统架构方面具有一定程度的认知和把控能力。当然，在正常情况下，项目组内的技术专家是评审的关键角色，也会与产品经理一起参与方案的评审，群策群力保证设计方案的科学合理。

2.2.3　产品过程确认

产品过程确认其实是从工程样机开始到产品批量生产的过程中产品的需求实现、可制造性的确认，也是对产品从初始样机到成熟量产过程的管控。

1. EVT

EVT（engineering verification test，工程验证测试）阶段的主要工作内容，可以简单理解为：解决 PRD 文档中要求产品要具备的功能，在开发出来的产品上“有没有”的问题。

EVT 是一个关键的测试和验证阶段，这个阶段产品由图纸和概念转化为看得见、摸得着的实体。此阶段要借助工程样机进行设计验证工作，由于产品是初步的样机实体，功能是否能实现？是否存在 bug 和缺陷？这些都需要通过对样机进行全面的测试和评估才能发现问题并解决问题。由于 EVT 阶段属于产品的初步阶段，产品的 BOM（bill of material，物料清单）还处于动态修改的状态，所以结构及外观壳体并未进行开模作业。

工程样机的主要作用就是验证产品功能是否完整、是否有遗漏的功能或规格。如果说产品系统设计阶段对 ID、MD、硬件、软件的评审是从设计源头“防微杜渐”的话，那么 EVT 阶段的设计验证则是对产品是否符合 PRD 要求的最大力度的反查。这个阶段需要由研发人员主导对产品的测试，而产品经理的主要工作就是依据 PRD 输出的 checklist（检查表），逐项检查产品要求的功能项是否得到满足，或者是否具备潜在能满足的能力。

在某 600kg 级 AMR 的项目中，对工程样机进行测量后，若长宽高尺寸符合 PRD 要求则代表尺寸设计满足要求；若整机质量超出要求则设计不符合项目要求；若触摸屏功能未实现 PRD 的 UI 交互要求，但触摸屏信号稳定、各参数设置正常，则可以认定设计验证通过，后续继续开发 UI 软件功能即可使产品满足 PRD 需求。同样地，针对机器人信息上传、机器人 MAP（地图）管理、IOT 远程监测及控制、

RCS（remote control system，远程控制系统）系统调度等基于网络通信实现的功能，在这个阶段只要能实现通信链路的贯通即可认为设计验证通过。若产品有安规、认证要求，在此阶段也可对这些需求进行摸底测试。

工程样机暴露出的问题会很多，比如，硬件结构之间的干涉、电路板的热管理失效、软件与外围设备的配合时序错乱、无线通信丢包等都是常见问题。所以，样机在 EVT 阶段往往要经过几轮的迭代优化，可能要经历 EVT0、EVT1、EVT2 等多个 EVT 周期。EVT 阶段，产品往往会出现需求偏离的情况，故产品经理务必做好需求偏离项的会议沟通及需求偏离文件的归档管理工作。

2. DVT

DVT（design verification test，设计验证测试）阶段的主要工作内容，可以简单理解为：解决开发出来的产品在使用体验上“好不好”的问题。

DVT 阶段的主要任务是验证产品的性能、功能、可靠性是否符合 PRD 预期，并进行必要的调整和改进。DVT 与 EVT 不同，EVT 的主要目的是验证产品的设计是否完整（例如，物理参数要符合需求、硬件设计要能支撑软件功能的实现），而 DVT 的目的是验证产品的 PRD 需求是否已经被满足，目标是达到完整产品的定型。此外，EVT 阶段所有的设计均已经验证完成，所以 DVT 阶段的开发样机应该是已经使用了开模后的零部件。同时，DVT 阶段如果涉及已经开模后的零件在结构设计上需要微调，那么相关零件对应的模具也要同步进行微调。

在功能验证和性能测试满足的条件下，产品还要经过严格的可靠性测试以检测产品的潜在缺陷。例如，某 600kg 级 AMR 在 DVT 期间要进行十万次以上的 1.25 倍（PRD 要求的冗余倍数）负载顶耐久测试、振动测试、高低温循环测试等可靠性测试，以及电源短路测试等，另外，还要进行安全性测试以评估产品的安全性能。比如，不同地面不同负载工况下机器人急停刹车安全距离测试、雷达三级避障区域生效测试、机器人安全触边碰撞测试、双目识别低障碍物等安全性测试。

若产品有安规、认证要求，则这些测试也会在此阶段进行，由于有些认证周期较长，可能认证结束的时候，产品项目已经进行到 PVT 甚至是 MP（mass production，批量生产）阶段。

3. PVT

PVT（production verification test，生产验证测试）阶段的主要工作内容，可以

简单理解为：解决产品实现批量生产的过程中遇到的阻塞问题，目的是“保证每个产品都得长得一样并且生产得一样快”。

在 PVT 阶段，产品已经开始验证量产性能，目的是进一步地验证产品在批量生产时各种参数、性能和质量的一致性问题。如果一致性误差超出允许的标准范围，就要深究原因并制定改进措施。PVT 阶段需要将看产品的角度从具体的技术细节转移到量产过程中的各种指标数据，如通过率、良品率、单品生产时间等，这些数据是供应链的稳定性、生产线的布局设计、装配工艺的合理性、检测治具和检测工装设计的便捷性等生产要素的综合性反馈。产品经理及项目经理需要收集和分析产品生产过程中的数据，反馈或给出合理的建议，帮助相关团队改进产品设计或制造过程。

例如，在某 600kg 级 AMR PVT 期间，软件版本的确认及软件烧录 SOP（standard operating procedure，标准作业程序）的制定、某螺丝预紧工艺环节的预紧力确定、机器人上下视角相机的流明值标定及检测工装的工位安排、激光雷达 / 双目相机的参数标定方法和步骤制定等，均属 AMR PVT 的内容。

当 PVT 通过后，产品生产制造流程也就定型了，产品已经具备可批量生产的能力。

4. MP

MP（mass production，量产）阶段的主要工作内容，可以简单理解为：在工厂生产制造环节，保障产品可靠稳定的批量化生产。而对产品经理而言，则可以舒一口气感慨“经过九九八十一难，产品终于可以大批量生产售卖了”。

保证生产一致性是 MP 的主要课题，这个阶段，产品已经被完全交付给工厂生产制造，产品经理有关研发阶段的工作已告一段落，接下来就是产品运营的工作了。

2.2.4 关于项目阶段的思考

在产品的全生命周期中，产品运营是产品经理的日常工作，每个产品经理都能接触到这类工作，但产品的项目阶段却不是产品经理日常都能接触到的。换句话说，就是“产品运营常有，而产品项目不常有”。

笔者曾遇到这样的论调：“产品经理关注产品的定义和验收就可以了，即使作为项目经理也只需要管控项目进度，保证正常的产品交付就行，这些中间过程（如软件调试、PCB 外发贴片、零件外发 CNC 加工等）具体的事务性工作由专职人员完成就可以了。”这样的想法是万万不可取的，产品需求就像是一粒种子，只负责耕种（提需求）而不顾及拔草施肥（项目跟进把控），到了秋天（产品交付期限）大概率不会有收获（项目会失败或投入更多成本）。

从公司的角度来说，产品从 PRD 到最终推向市场的各个环节都与硬件产品能否落地息息相关，任何一环的失败都会导致产品失败。从设计评审、EVT、DVT 到 MP，产品经理在这些阶段的作用不仅是把控产品的功能是否满足、交互体验是否合理，还要深度参与研发测试、生产制造的环节，充当一名“监工”的同时，还要在深刻了解产品功能实现过程中所涉及的技术短板、迂回解决问题的“曲线救国”方案，在供应链风险的基础上把控产品后续需要优化迭代、降本增效的可能性方向。例如，某 AMR 为了保证某一导航的定位精度，原计划使用成本较低、生态支持差一些的激光雷达，但是由于公司软件算法存在短板，暂时先采用生态支持更好的激光雷达满足产品的功能，当然成本也会高一些。在产品上市之后，使用成本较低的激光雷达的方案就可以作为后续产品降本的考虑方向。

另外，在跟进产品各阶段的过程中验证和拓展产品知识是必要的，这些能力的积累对产品经理理解行业和分析竞品大有裨益。例如，产品经理完整地知晓产品设计制造的细节和流程，在展会上友商发布一款新的 AMR 产品时，结合自家产品的实现及基础的技术原理，产品经理可以从车体外观分析该竞品的功能。

（1）从底盘外壳有无缝隙来猜测 AMR 是分段式底盘还是一体式底盘。

（2）从激光雷达位置及开角大小猜测 AMR 的避障范围或 SLAM 导航开角的技术参数。

（3）观察双目相机外形判断 AMR 是否使用了新的双目器件，该方案是否可成为我司备选的双目方案。

（4）了解顶升系统的声音及速度可猜测顶升系统使用的技术分类，是连杆？还是丝杠？

（5）从外观质感及颜色呈现效果猜测外观工艺是热塑、吸附、喷漆还是烤漆？

……

对产品经理个人而言，在产品的全生命周期内，能跟进一款产品从 BRD 到推向市场的全流程是难得的机会，且由于硬件产品试错成本高、研发周期长，公司往往更愿意将新产品的开发交给更有经验的产品经理主导。久而久之，在马太效应影响下，更有经验的产品经理就会得到更多的机会。如果参加面试，面试官也会更加青睐具备产品完整生命周期管理经验的应聘者，因为产品经验是通用的，就像“1+1”这样的算术运算会存在于各种场景中一样。上面 AMR 竞品例子中的第 5 条外观工艺就完全可以被应用在家电、智能手环、办公桌椅的外观工艺分析上。

笔者认为产品的开发过程就是查漏补缺的过程，从木桶理论可知，决定木桶最大储水量的一定是木桶最短的那块木板，产品也是一样，能否落地取决于当前最短的那块“木板”是否会阻碍产品开发工作的推进。所以这个阶段产品经理眼中应看到的都是产品的缺陷，而产品开发过程就是发现问题、思考问题、解决问题的过程。

2.3 产品运营阶段

产品运营阶段就是将产品推向市场并持续收集竞品和产品的竞争力数据、关注产品本身的性能提升和持续降低生产成本的过程。

2.3.1 市场资料准备

市场资料准备工作一般会在 PVT 阶段开始，包括产品规格书的制定、产品说明书的编撰、产品维修手册的编撰、宣传视频的拍摄等工作。有些产品可能在 PVT 阶段就进入量产阶段并开始售卖，这种情况下，市场资料准备工作往往会在 PVT 的更早阶段开始。笔者曾在某产品 PRD 需求确认阶段就输出了产品的规格书初稿给到售前部门，因为与客户是合作伙伴关系，所以在进行产品开发时，客户也在进行相应的市场布局。

2.3.2 产品发布

在产品发布阶段，要召集相关的产品经理、售前、销售、市场等人员参加产品发布会。重要的产品发布会还会选择特殊场地并邀请供应商、经销商及重要客户参与，这种发布会往往伴随着市场推广和促销活动。

产品发布会可以被看作是一次系统的产品培训，包含产品的背景、定位、特色、性能功能等。如果是公司内部活动，建议组织越多的售前、市场、销售人员越好，这样可以有效地提升这些业务部门对产品的理解程度。另外，产品信息要及时更新到公共空间，力求信息准确和完整，同时还应通过邮件和公共空间信息发布的形式尽可能地减少相关部门的信息不对称现象。

2.3.3 产品维持

产品发布以后也就意味着项目阶段彻底地结束，这时候产品将进入日常维护的阶段。产品维护的首要目标就是提高产品竞争力、提高产品在同类产品中的市占率。此阶段产品经理的日常工作如下。

1. 关注用户体验

数据分析和用户反馈可以为产品在不同使用场景下的适应能力及用户的需求变化提供依据，帮助企业及时处理故障，使企业能结合市场趋势和竞品动态制订产品的迭代计划，拓展产品使用边界，满足用户的使用需求。

2. 辅助市场推广和销售

产品经理要辅助市场部门和销售部门开展产品推广活动，为他们提供必要的产品素材支持，针对销售项目给予中肯的方案评估和必要的解决措施。

3. 产品信息拉通

产品经理要总结售前、市场、销售反馈的问题，汇总产品优化迭代的功能，周期性地对相关人员进行培训，尽可能地拉通产品的信息流，避免因信息不对称导致的沟通效率低下。

4. 迭代降本

产品运营阶段一个重要的课题就是降本。降本往往需要采用更新的技术，比如，AMR 导航算法的突破可以降低对雷达精度的要求；集成 IC 的使用可以替代大面积的 PCBA 等；使用更为便宜的零部件（如受力不强的地方可以使用粉末冶金齿轮代替钢材质的齿轮）；组装工艺的改进（如降低组装难度、自动化装配产线的应用等）。

5. 提高可靠性

提高可靠性往往需要在产品上市一段时间后统计分析数据。产品可靠性对使用安全、用户体验等方面影响巨大。

产品经理的日常工作大部分内容是围绕着产品的维持而展开的，有兴趣的读者可参考“智能硬件产品经理的十二时辰”部分内容。

2.3.4 产品退市

当产品换代或不再具备市场竞争力时，产品就要进入退市阶段。

在产品退市阶段，产品经理要制定在制品、库存品、已售品的处理策略，要让多个部门的信息得到对齐，输出产品退市行动计划，启动产品的退市流程。

例如，某 600kg 级 AMR 退市，经公司战略研究之后要求：在制品生产维修时未使用的元器件归库之后要走报废流程，库存品预计销售 50%，剩余 50% 应作为产品市场存量的备品，已售品还要维持半年的技术维护。

3 需求分析

需求分析既包含宏观分析，也包含细节分析。分析不同产品的需求，可以做复杂的集成系统分析，也可以单一地提取需求，可能要从政策、经济、环境入手，也可能要预测市场趋势、竞品分析、寻求自家公司生产经营状况的平衡点，甚至还可能要换位思考，深入了解和研究用户心理、剖析人性。

3.1 需求信息来源

脱离具体目标市场和用户群体而空谈需求是毫无意义的，需求本身存在的意义就是解决目标群体的问题。

在进行需求分析之前，用户反馈的"问题""需求""方法""建议""想要什么""要求什么"等都归属信息源，是输入部分，对产品经理而言，这些输入部分都应一律被归为用户遇到的"问题"。

一般这些用户有3个主要来源，分别是市场、用户、公司自身。

1. 来自市场的问题举例

（1）国家新出台关于智能工厂的《×××》政策，该政策对我司相关产品有哪些影响？

（2）友商新出一款600kg量级的AMR，激光雷达SLAM导航精度业界领先，对我司产品有哪些影响？

（3）某专业网站数据显示，冷库物流行业在过去的几年增长率达×%，我司是否有进入该市场的必要？

（4）×× 公司新发布性能更好的电池，该电池是否可被纳入我司供应链体系中？

……

从市场角度来看，这些问题可以被归类为政策、行业、大数据、技术创新等具有宏观意义上的问题，这些问题往往对产品的竞争力及市场规模造成重大影响，因而市场问题往往是产品 / 公司策略的起点。

2. 来自用户现场的问题举例

（1）“我需要在自动门上安装视觉相机用以监测 AMR 的通行，自动为 AMR 开门。”

（2）“你们这个小车总是丢码，故障率太高。”

（3）“你们这个车（600kg 量级）可不可以承载 700kg 货物？”

（4）“显示屏界面嵌套太深，功能太繁杂。”

（5）“你们这小车只要连续向右转弯 3 次就触发误避障。”

……

用户现场是产品最终使用的地方，也是产品反馈问题最多的地方。从用户的角度来看，这些问题可以被归类为：使用场景的系统级问题、产品的能力边界问题、产品的优化改进问题、产品的 bug 问题（也叫缺陷）等。该类问题往往是产品生命周期中优化迭代阶段最主要的需求来源。

3. 来自公司内部的问题举例

（1）领导发话“李工，你看看 AMR 上视相机是否要加个防尘罩？”

（2）工艺部门反馈，某筋板和螺丝孔位所在的空间狭小，装配困难，该装配工序费时较长。

（3）算法工程师反馈，新的 PID 算法还在优化测试阶段，没法用上最新版本软件。

（4）产品经理使用机器的时候发现机器人从手动模式切换到自动模式时，触摸屏上的 Wi-Fi 信号指示灯会异常闪烁一次。

（5）培训部提出是否可牺牲掉某个很少用的功能来达到降本的目的？

公司内部暴露的产品问题，也是在产品长期的运营过程中逐渐暴露出来的。这些问题可以归类为：领导安排的问题、DFM（design for manufacturing，面向制造的设计）问题、性能优化问题、增效降本问题等。

这个阶段，问题只是初步的信息反馈，还未经历需求的分析和提取。

3.2 辨识需求和方法

需求是“是什么”，方法是“怎么干”，需求是最终的目标，而方法则是实现的过程，并且可能会有多种，如图 3-1 所示。比如，要从当前城市去城市 A，这是需求，方法则是坐飞机、坐火车或者徒步旅行。如果不能区分出问题本身是需求还是方法，那么即使按照客户的方法处理了问题、解决了用户的真实需求，使用的方法也并不一定合理，更不一定能提高产品的竞争力，甚至还可能为产品带来负面的影响。

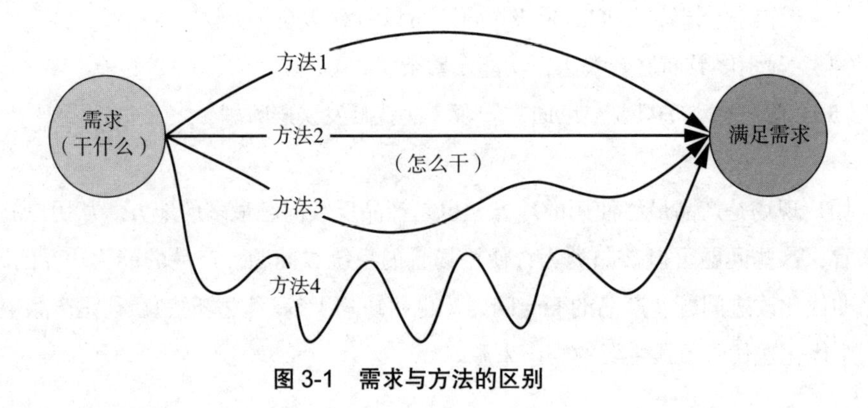

图 3-1 需求与方法的区别

下面有几个例子。

（1）“我饿了我要吃饭”和“我饿了，我要吃面条”。

（2）“我希望车速更快一些，这个 AMR 太慢了”和“换个电机，这个 AMR 跑得太慢了”。

（3）“请让像素再高点，提高 AMR 的读码准确率”和“请换个镜头，扩大 AMR 的有效扫码视野”。

（4）“雷达离地高度应该再低点，不然满足不了 CE 认证要求”和“CE 认证要求规定了雷达接收面距离地面高度要低于 200mm”。

在非极端的情况下分析上面的例子，结果如下。

（1）用户的需求是肚子饿了需要吃食物，解决肚子饿的其中一个方法是吃面条。

（2）用户的需求是让 AMR 的速度更快，而换电机只是用户提出的方法，实际上要加快 AMR 移动速度也许只需要在用户界面上修改一下速度限制。当然，提高速度后会不会引起其他的安全问题就又是另一个需求了。

（3）提高 AMR 的读码准确率是需求，而扩大视野及更换更高像素的感光元件则是方法。

（4）雷达的接收面距离地面高度必须低于 200mm 是 CE 的规定，要想通过 CE 认证，这毫无疑问是需求。至于如何实现这个需求，则使用高度低的雷达、降低雷达固定位置、降低车体离地高度等都是方法。

需求是目标，方法是手段，达到目标自然需要使用方法，所以人们就容易把这两者混为一谈。人们的思维方式往往偏重怎样解决问题，也就是寻求解决问题的方法，而在工作和学习生活中，基于应激反应的本能，这种侧重寻求解决问题的方法的思维惯性也影响着人们。然而解决问题固然重要，但对产品经理而言，提炼出需求要比找到解决方法重要得多，毕竟有的放矢才能高效准确地解决问题。如果把需求和方法类比为军事行动，那么需求就是战略，而方法就是战术了，要通过一种或多种的战术组合才能实现战略要求，最终取得军事行动的胜利。

3.3 需求分析工具

判断产品是不是符合市场和公司发展需要，需要前期进行科学的市场分析。从产品收益的角度来看，市场分析的根本目的是针对计划 / 规划的产品是否有必要投入资源开发而进行的必要性分析工作。因此，为了科学有效地进行市场分析，产品经理需要学习两种需求分析工具：PEST 分析法和 SWOT 分析法。

由于 PEST 分析法和 SWOT 分析法已经非常成熟，市面上的资料也非常详细，所以这里就不再展开 PEST 分析法和 SWOT 分析法的理论部分，有兴趣的读者可以自行查阅相关资料。

1. PEST 分析法

PEST 分析法主要针对宏观分析，就是从更大的视野角度来分析动态的、可预见趋势的市场情况是否适合推出产品。宏观分析的范围包括国际形势、法律政策、人口结构、消费等级、科技水平、人文环境、供应链等。PEST 分析法由以下 4 部分组成。

（1）P（politics），政治。

（2）E（economic），经济。

（3）S（society），社会。

（4）T（technology），技术。

PEST 模型分析只是一种思维框架，是一种进行科学分析的工具和手段，它的作用是在分析的过程中判断出现状和趋势。不同行业对 PEST 分析的侧重点不同，因此使用该方法也应因地制宜，侧重分析关键方面以利做出更合理的产品策略。

PEST 的实用案例可参考某 600kg 级 AMR 的 FEST 分析大纲，如图 3-2 所示（示例仅供参考，非正式商业信息）。

E：经济	P：政治
1. 目标市场主要为电子制造业，华南地区产业集群化集中，电子制造业发达 2. 2020年至今，中国是世界上少有的保持经济正增长的国家，经济形势稳定 总结：经济整体向好，智能制造需求磅礴	1. 工业 4.0，“智能工厂”“智能生产”“智能物流” 2. 2015 年颁发《中国制造 2025》、2021 年颁发《智能制造试点示范行动实施方案》 3. CMR产业联盟发布团体标准14项 4. 国际局势不稳、核心进口器件(雷达)供应困难 5. 根据以往历史数据，国内、海外市场广阔 总结：整体环境利好，不利因素要克服
S：社会	**T：技术**
1. 人口老龄化，工厂用工荒 2. 经济转型，企业由劳动密集型向数字化、自动化转型 总结：长远趋势利好智能自动化装备	1. 智能驾驶技术发展迅速、SLAM 路径规划、视觉识别技术迭代快速 2. AMR 发展处于高速发展阶段，技术壁垒尚不完善 3. 电池、相机、雷达等核心零部件国产成熟度高 4. AMR 厂家技术路线重合度高，创新能力还待加强 总结：现有技术环境整体利好 AMR 产业发展

图 3-2　某 AMR 的 FEST 分析大纲

PEST 分析法拓展类型：PESTLE/ PESTEL 分析、PESTLIED 分析、STEEPLE 分析、SLEPT 分析。

2. SWOT 分析法

组合分析法是宏观分析和微观分析结合的分析方法，常用的组合分析方法为 SWOT 分析法。SWOT 分析法由 4 部分组成，如下所示。

（1）S（strength），优势。

（2）W（weakness），劣势。

（3）O（opportunity），机会。

（4）T（threat），威胁。

SWOT 分析基于内外部竞争环境和竞争条件下的态势，就是将与研究对象密切相关的各种主要内部优势、劣势和外部的机会和威胁等通过调查列举出来（图 3-3），并依照矩阵的形式进行排列，然后用系统分析的思想把各种因素相互关联起来加以分析，从中得出一系列相应的结论。这些结论通常能作为产品市场情况的重要甚至是决策性依据。

SWOT 分析包含的方面很多，但在分析时要保持 SWOT 分析法的简洁化，避免复杂化与过度分析，应该重点抓住权重比高的因素，不必拘泥于细枝末节。

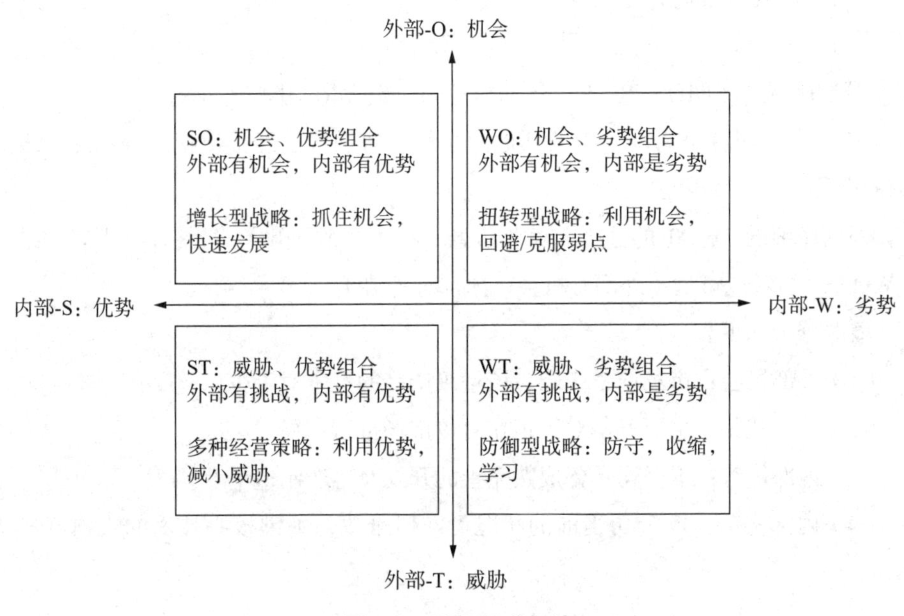

图 3-3　SWOT 分析法

SWOT 的实用案例可参考某 600kg 级 AMR 的 SWOT 分析大纲（示例参考，非正式商业信息）。

（1）S——优势。

① 已有类似产品的市场销售渠道成熟，已有产品供应链体系稳定，已有产品制造工艺系统也可被复用到该产品上。

② 已有的其他载重量级的类似产品技术成熟，具备核心技术专利。

③ 技术团队对类似产品的设计、开发的流程非常熟悉。

（2）W——劣势。

① 技术开发人员流失严重，目前公司开发业务繁重，现有技术人员工作内容已经饱和。

② 核心人才不足，现有技术能力守成尚可，进取创新不足。

（3）O——机会。

① 工业 4.0："智能工厂""智能生产""智能物流"（《中国制造 2025》）。

② 虽有贸易战，但电池、相机、激光雷达（非 CE 认证器）等核心零部件的国产替代品成熟度较高。

③ 600kg 窄通道 AMR 目标市场为电子制造业、光伏制造业，华南、华东地区电子产业集群化程度高，竞品少。

（4）T——威胁。

① 国际局势不明朗，SICK、倍加福等 CE 激光雷达供应不足。

② 与本公司竞争力度最大的其他两家竞争对手均已经推出接近 600kg 量级的 AMR 产品。

根据详细的 SWOT 的分析（商业信息，不便详细展开），最终评估下来的结果为 WO——扭转战略型（外部有机会，内部有劣势）。

概略分析如下。

（1）外部机会：市场前景广阔，该量级产品的竞争对手少。

（2）外部威胁：主要竞争对手正在对该市场进行布局。

（3）内部优势：本公司具备成熟完善的开发及生产制造平台。

（4）内部劣势：本公司当前的状况可守但难攻，关键核心技术的成熟度还待提高。

3.4 多角度看需求

需求分析是智能硬件产品经理最基本的业务能力，也是产品经理综合素质评价的重要部分。需求分析是一个多角度、多维度的分析过程，是产品经理对产品本身的理解力、应用场景的熟悉程度、个人技术涵养及用户的心理活动的把握情况的综合判断结果。并且，在进行需求分析的过程中，从多角度看常常能达到触类旁通的学习效果，对工作中其他问题的处理也具有借鉴意义。

凡向产品经理提出需求的人都是用户，所以，用户的范围很广，产品经理遇到的需求类型也很庞杂。不过，归纳起来这些问题都有分析方法可以参考，一般分析及解决需求的过程流向如图 3-4 所示。

图 3-4 需求分析及解决过程流向图

另外，满足需求也不必拘泥于产品本身，应从实际场景出发，寻找系统级的最优解。如图 3-5 所示，不同的需求对产品对用户而言重要程度是不一样的，因此需求本身也分不同的层级。

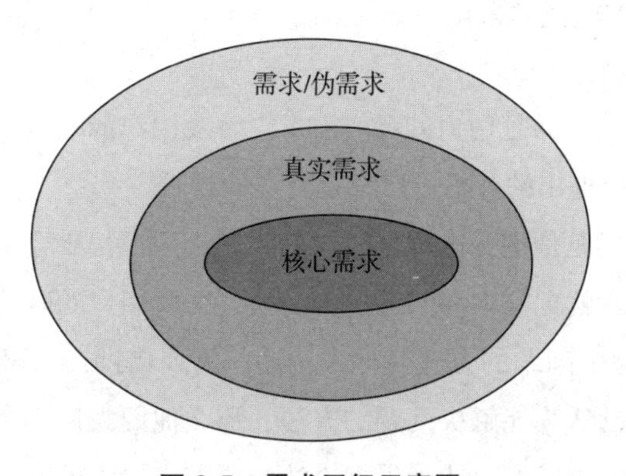

图 3-5 需求层级示意图

（1）需求 / 伪需求：这一层级是区分“是不是需求”，产品调研或用户需求分析的初始阶段存在需求为真或为伪的情况。在实际工作中，不同部门、不同职位对需求的理解存在偏差，所以“需求”的范围常常会包含问题、需求、方法等。

（2）真实需求：这一层级是确认“是什么需求”，是用户遇到的痛点，是需要解决的问题。

（3）核心需求：真实需求中更重要的、优先级更高的部分。

产品经理遇到的问题非常多，但哪些是需求？哪些不是需求？这个思维过程本身包含多个步骤，需要由外而内层层剖析。图 3-6 为需求分析层级示意图。

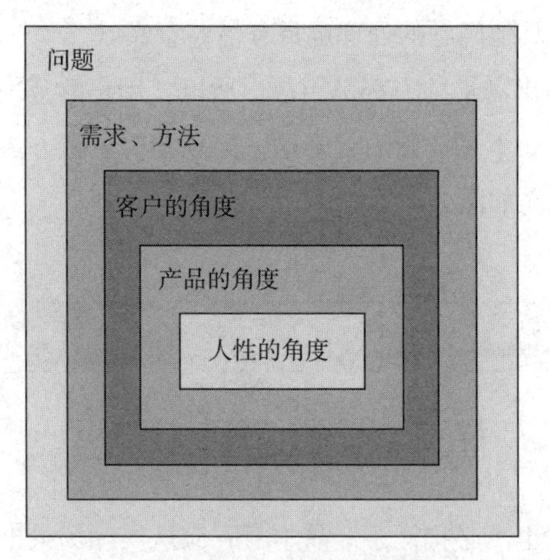

图 3-6　需求分析层级示意图

3.4.1　从用户的角度看需求

产品最终的目的是满足用户的真实需求，解决用户的痛点。但是，人们常常忽略的一点就是：用户提出的并不一定都是真实的需求。

用户眼里看到的是他遇到的问题，一般来说，用户很少会主动梳理他们的需求是什么（也许他们本就把需求和问题混为一谈，因此用户的困境往往是问题倒逼的结果），他们会以抛出问题的方式与他人沟通，需要借助产品经理或他人来解决问题。用户如果有自己认为能解决问题的方法，那么他们大概率会告知产品经理自己需要用什么方式去解决问题，或者误把方法当成需求提供给产品经理。当然也可能用户只是给出建议或者自己的设想，但信息链的传输过程可能会出现信息及语境的失真，那么产品经理接收到的就变成了用户想用什么方法解决什么问题。

做人要将心比心，这在心理学上叫作共情。要将心比心，要共情，产品经理需要站在对方的角度来看待问题，找到"痛点"的根源。"鞋子合不合脚，自己穿了才知道"，以用户传递过来的信息为背景，以用户的视角结合产品应用场景分析他们为什么会提出这样的问题，当找到"因为"的时候，那就是用户的真实需求。

借用上面的例子，可从用户的角度再来分析问题的心路历程：不行，这 AMR 的速度太慢了，对接的生产线物料供给跟不上，是不是换个更厉害的电机，AMR 就能跑快些跟上生产节拍了？显然，从这里可以明白用户真实的需求是：AMR 系统的节拍无法满足生产效率。"因为"效率低，节拍跟不上。

站在用户的角度看需求，就是产品经理把自己代入用户真实场景中看需求（能真实地在用户现场更好），这样去直观感受场景中扑面而来的各种信息，有利于产品经理综合各种因素做出更加准确的判断。

此外，产品经理在对接用户时需要有空杯心态，以一个小白的心态对接用户的诉求，做一个倾听者，不懂就问。在认知模糊的地方不要根据经验带着预期去做判断，也不要怕丢面子、拉不下脸面。产品经理在与用户沟通的过程中，不放过模糊和不清楚的地方，这样产品经理与用户之间的信息差才能得到补齐，用户的真实需求也就清楚了。

3.4.2 从产品经理的角度看需求

用户的需求是解决自己遇到的问题，但产品经理看待需求就不仅是满足用户的需求了，还要分析需求是否具有普适性、是否具有复用性、是否能最大化地提高产品竞争力。也就意味着产品经理不是毫无主见地满足所有用户的所有需求，当满足用户的需求需要花费的成本太高时，这个需求就可能被忽略。当然，这只是产品经理本身职业角度的意见输出，最终决策还在于公司，比如，项目的回报率很高或者意义非凡，公司最终给出的结论可能就是满足用户，而如果投入产出比不高，也许这个（些）需求就会得到响应。总而言之，从产品经理的角度看待需求，更多要考量的是收益平衡，追求的是收益最大化。

此外，产品经理还应提防因伪需求的信息轰炸而导致的需求爆发。程序员眼中处处是 bug、医生眼中处处是病人，产品经理每天对接那么多问题 / 需求，看到的可能是某些问题反复出现，某些问题要迭代优化，这些问题中核心需求、次要需求、伪需求均会存在，伪需求和次要需求出现得多了，往往就会出现“三人成虎”的现象，引导产品经理提出错误的需求判断。要想防止这种现象发生，比较可行的是采用以下分析方法。

（1）该问题相关的产品占总出货量的比例？（要量化）

（2）该问题相关的产品的应用场景是不是处于该产品的设计应用范围？（此处可以收集场景的需求信息，或许这些需求就会催生一款新的产品）

（3）该问题是否是产品获得主要竞争优势的充分必要条件？

说一个广为人知的例子，作为一名苹果手机的产品经理，每天都会接收到诸如信号弱、电池续航差等问题，但这并不影响苹果手机全球出货量第一。

3.4.3 从人性的角度看需求

笔者在跟销售对接，或者负责对外的联合开发项目时经常会遇到一个问题——对方永远都会强调他们的需求是多么的重要、多么的紧急。但实际情况却是引入该需求并开发完成、交付对应的功能模块之后，对方可能连续一个月都没有使用该功能模块。因此，产品经理在对接需求之后，要对需求进行重要-紧急四象限管理（图 3-7），优先解决阻碍项目进度的需求，然后再循序渐进地解决所有问题。

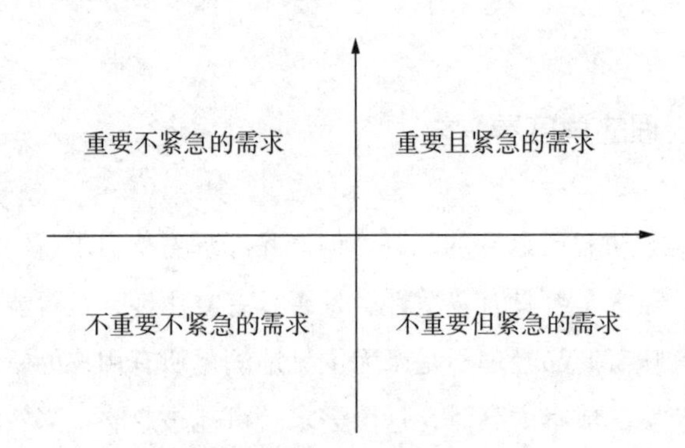

图 3-7　重要-紧急四象限图

用户的需求就跟人们对金钱的期望一样：我有钱可以不花，但我要花的时候不能没有。在这种情况下，与用户达成的需求肯定是要满足的，但产品经理要从与对方的合作情况及自家公司利益最大化的角度去合理安排需求的开发顺序，力求保证在项目风险可控的前提下公司内部资源可以得到更充分的利用，而不是一味地完全按照用户的要求去实现，要尽可能在可控的情况下减小对公司整体计划安排的影响。

在对接销售项目（由用户主导的项目，对比公司内部的产品项目）时，产品经理往往会收到用户给出的这样的需求单：功能要求很多、参数也会限制得比较死，甚至很多用不上的或不可能实现的功能要求也被列出来，结合项目背景及用户使用场景，很快就能推断出用户提出这种需求的深层次原因。

（1）用户本身不清楚他们的业务场景到底需要什么样的产品性能来匹配，他们会对多家品牌的产品对比后输出一份全集，这些产品功能参数他们全都要。

（2）其他品牌与用户宣导的产品优势或定制功能也会被用户打包成需求抛给公司。

（3）商务谈判策略的需要将为后续商务谈判提供压价筹码。

这样分析就能准确地识别出用户的真实需求和核心需求，剩下的就相对复杂，可能需要由销售、售前甚至老板来处理了。归根结底，付出更低的价格享受更好的服务就是用户所想，只是这个需求会被人为地层层包裹以其他形式展示给产品经理。

3.4.4　被市场裹挟的需求

讲述一个 AMR 触摸屏的故事。

最开始的 AMR 是没有带触摸屏的，因为 AMR 被应用在黑灯工厂、无人值守仓库、电商搬运及这几年兴起的人机混场的制造业场景，从这些场景可以归纳出以下特征。

（1）使用 AMR 的目的是搬运，只有机器人停止运动的时候才可能使用触摸屏。

（2）机器人一旦被部署完成处于生产状态，在正常运行状态下不允许员工手动操作。

（3）机器人出故障导致停止时，人工介入操作的第一要务是按下急停按钮并推动或使用工具拖动机器人离开生产线路。

（4）机器人若处于负载状态，由于货架尺寸大，人工几乎不能触碰到触摸屏。

（5）故障的机器人将由专业的运维人员维护，运维人员基本会使用笔记本调试机器人并适当地使用车体上的按钮而非触摸屏。

从以上分析结果来看，站在用户场景和产品功能的角度，触摸屏均不是强需求，更多的意义在于科技感和装饰价值。

后来，某机器人品牌推出带触摸屏的 AMR，故事也非常好听：方便人员操作、减轻运维负担、降本增效、“科技感拉满”。在项目竞标的时候，触摸屏功能属于人无我有的东西，增加的成本也并不太高，还能为 AMR 的“颜值”锦上添花，所以触摸屏往往成为能跟随其他竞品入围的竞标项。另外，高校、教培机构、国企、政府示范项目也更倾向于带有触摸屏功能的机器人。因此，触摸屏就成了 AMR 行业内默认要有的功能了。当然，大部分 AMR 厂商为了降本，一般会把触摸屏作为 AMR 的选配功能处理。

所以，从用户场景和产品功能角度来说，一些需求不是必须的，但市场上的确有相当体量的需求预期，为了提高产品竞争力，这种需求是需要被满足的。

3.4.5 来自公司战略的需求

很明显，来自公司战略的需求是产品经理必须实现的需求，产品经理并没有多少讨价还价的余地，只有坚决执行。

1. 公司高层制定产品规划

出于公司战略的考虑，公司高层可能会直接制定产品方向和产品路线。这样的情况出现往往是老板层面已经从大方向上做好了开发哪种产品的决定。在产品经理的角度，无论使用PEST分析法还是SWOT分析法其实意义已经不是很大，话语权并不在产品经理这里，产品经理也许就只能在具体的产品形态和产品定义上做一些细化工作。当然，还有一种情况就是领导层给出的是一个相对开放的命题，需要产品经理进行足够的调研和产品分析工作，为领导层提供可以选择的或总结下来相对更具备优势的产品方案，这种方案在产品形态定义上更贴近领导层的预期，能减少产品方案的来回变更。

2. 保障流动资金

在公司业务发展的过程中，公司在流动资金遭遇困难时可能就要进行业务拓展。比如，之前不符合接单要求的客户项目可能整体收益不高但能提供资金流水，这个时候为了完成业务指标可能不得不考虑接单。这类项目如果涉及一些定制需求，那么非标的需求自然也少不了，用户五花八门的需求可能层出不穷。

当然，即使是迫于公司层面被动接受的项目，产品经理的工作依然是不变的，该剔除的伪需求还是要剔除，该深挖的真实需求还是要深挖。

3. 标杆场景定制开发

这部分的内容需要从两个层面阐述，一是重要大客户，二是示范效应。

1）重要大客户

有些大客户的市场潜力很大，一旦拿下该客户，意味着公司业绩能上一个台阶。一般来说，客户会根据产品形态去做适配，因为这种产品是标品，标品意味着高的性价比。然而不巧的是，这些大客户往往希望产品能适配他现在的业务模式，比如，大客户现有生产线的通信方式已经搭建完毕但与当前产品不同，希望新的产品能兼容他们的通信框架。又或许受制于现场的空间限制，希望产品结构要做相应的适配。

也许产品经理分析需求后认为客户的这些需求中有些确实是伪需求，或者也有更好的解决方案，但客户就是希望他们什么都不要改动，竞标方谁能满足他们的需求谁就能“入围”。那么这个时候，想挣他的钱就要按他说的做，需求是否真的合理已经没那么重要，服从公司的决定、执行公司的战略规划才是最重要的。无论是真实需求带来产品价值还是非真实需求带来了业务盈利对公司都是有价值的。大客户体量大，项目竞标激烈，一般也只有定制化开发可以满足他们的需求。

2）示范效应

产品经理在考察供应商和鉴定供应商能力时，其中一个重要的指标就是该供应商是否与知名公司有稳定的业务合作，这样才能从侧面观察该供应商的综合实力。

同样的道理，如果公司还处于上升阶段，需要借助知名公司来达到“镀金”的目的，当产品并不能满足知名公司的用户需求时，很可能就要定制化开发产品，哪怕这次的合作不挣钱，只要不亏就是赚到。这种项目交付后，对公司而言就是资质的沉淀，会从侧面带动产品力的推广。假如相关行业后续有其他的业务合作，那么同行业的大厂合作经验可能会直接为公司提供入场票，这就是示范效应。

比如，某 AMR 企业与国内某养殖业龙头企业合作的项目，AMR 企业参与这个项目的目的并不是赚钱，并且客户提出的有些需求也是匪夷所思，但为了打入这个行业的市场，拿下这个龙头企业非常关键，所以该 AMR 企业为了这家养殖业龙头企业而专门定制了一款机型。后来，示范效应产生后，这个行业的其他企业纷纷前来与该 AMR 企业合作，该 AMR 企业开始挣钱盈利。

所以，这种情况下，公司的战略需要基本已经锁定了需求。

3.5 竞品分析

兵法有云：知己知彼，百战不殆。意思就是了解自己和对手，打仗就不容易失败。做竞品分析的目的其实也一样，根据需求参考竞争对手 / 产品的产品定位、产品性能、产品数据、发展路线、成本 / 售价、盈利模式、用户群体等相关产品竞争力要素，取长补短、扬长避短以提高自家产品的市场竞争力。

竞品就是与自家产品存在市场竞争关系的产品，这种竞争关系包括直接竞争和间接竞争。直接竞争就是在产品定位、目标市场、应用场景、盈利模式等方面与自家产品高度重合的产品，例如，A 品牌 600kg 级 AMR 与 B 品牌 600kg 级 AMR 就是这种关系。间接竞争就是目标市场等与自家产品重合度低的产品，比如，磁导AGV与SLAM导航AMR。工作中产品经理常常会用到的是存在直接竞争关系的竞品分析，这些竞品样本往往是同类产品行业里优秀的一家或多家公司的对标产品。

3.5.1 获取竞品信息的途径

1. 官网

竞品官网是获得竞品信息最便捷的途径，一般官网能提供数据手册（性能相关）、使用说明书、2D/3D数模等常规信息。但是，官网数据常常是实验室数据，跟产品的真实性能数据可能会有一定的差异，而在缺少国家或行业标准的地方，各家的标准参考依据通常也会有所不同。

2. 行业展会

行业展会可以提供现场观察、样机试用的机会，能让产品经理集中对比竞品差异。而且大部分展台可提供纸质产品图册，只是有些厂商需要客户关注二维码或者交换联系信息才能获取资料。

3. 竞品测试及拆机

公司在有条件的情况下会通过渠道获取竞品实体进行真机测试，以获取更加真实的竞品数据，必要情况下还可能会通过拆机的方式更加详细地了解竞品的结构设计、专利使用、加工工艺等情况。

4. 行业报告

行业报告往往能从宏观市场的角度提供整个市场的动态及竞品大致销量，但行业报告往往需要高昂的购买费用。

5. 在客户现场采集信息

客户现场往往会有多款产品共存，产品经理可利用合作之便从客户那里获取竞品的使用反馈。

6. 从公司员工处采集信息

行业内企业间的人员流动是非常频繁的，他们往往对各家产品有综合的判断，而产品经理可以同他们沟通以拓宽自己的视野，尤其自家公司的现场支持工程师对竞品的使用往往有着丰富的经验，他们也是产品经理应该请教的对象。

7. 与合作商交流

经销商、工业自动化领域的系统集成商往往对多家竞品有着丰富的实际使用经验，值得产品经理多多学习，而与零部件供应商沟通往往也能获取有价值的行业信息。

8. 人脉沟通

前同事、现同事都可以是重要的竞品信息提供者，甚至展会上获取联系方式的销售、工程师也可提供有效的资讯。

9. 信息平台 UP 主的产品评测对比

可穿戴智能设备、消费类电子产品往往有众多的 UP 主开箱评测文章、视频等。有些 UP 主还制作了详细的拆机过程，技术价值很高。

3.5.2 竞品性能分析

产品性能常指产品规格书（datasheet）中的产品参数。无论是面向 B 端还是 C 端的产品，产品规格参数哪怕是一模一样，实际的使用体验和表现的性能也会有不同程度的差异，如果使用多边形雷达评测图来表示这些产品，那么它们的得分形状可能并不相同。如图 3-8 所示为三个品牌同级别的 AMR 核心零部件对比雷达示意图。

在以下情况发生时产品经理需要分析竞品性能。

1. 整机规划

新产品规划或已有产品的大版本迭代时，在进行 PRD 文档的输出之前，产品经理需要足够的数据、理论来支撑 PRD 要求的产品规格参数合理性，否则可能无法在需求评审和需求确认环节具备说服公司决策者的依据。更重要一点在于没有对

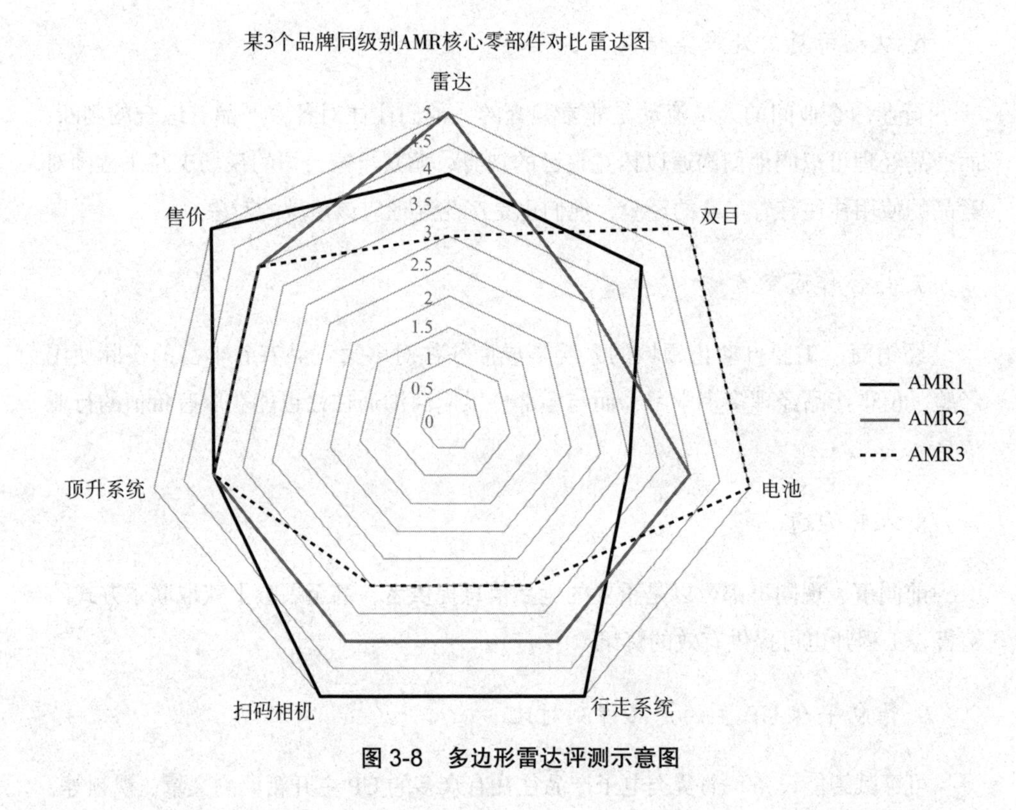

图 3-8　多边形雷达评测示意图

标目标、没有合理的产品边界参考，且不说产品能不能实现技术落地，甚至可能上市时就已经落后，或者产品本身的过设计导致成本上升、盈利能力下降。在整机规划时对竞品性能的分析，也是对自家产品和竞品综合能力摸底的过程，大到发展路线、盈利模式分析，小到产品数据、产品性能对比，最后寻求的始终是既能超越竞品又能策应公司实际情况。

2. 单点性能优化

产品运营期间的产品性能迭代往往是小范围的技术更新。这些更新的需求一部分是从各个渠道获取的产品与竞品之间的差异，一部分是公司内部测试出的产品的一些缺陷，还有一部分是用户反馈出的产品优化项。

偏软件性能的优化项的实现方式比较敏捷、快速，所以一般会在迭代后被合并到主分支随下个版本发布。比如，A 品牌 AMR 新推出显示屏数据图表可视化的功能，B 品牌快速跟进。这样，B 品牌新出厂的 AMR 也将具备相应的数据可视化功能。

偏硬件性能的部分因为有实际物料成本投入的考虑，故往往需要根据竞品的性能表现来制定自家产品的应对策略。比如，某品牌 AMR 在地面有水的情况下主动轮存在打滑现象，而竞品无此情况。后该品牌在有水地面可以选配防滑轮以达到防滑的目的，而在无水场景依旧会使用常规主动轮以保证产品性价比。

3. 产品边界摸底

产品推向市场后（尤其是面向新兴市场的新产品），经过一段时间的检验后往往会暴露产品的过设计和设计性能不足等问题。解决设计性能不足的问题可参考前文的“单点性能优化”部分，解决过设计部分则往往要参考竞品性能的市场表现及场景真实需求情况而综合考虑优化。优化硬件相关的性能过设计是产品降本的重要途径。

边界摸底常被视为产品销售策略的重要依据。B 端产品在不同的场景下对产品的性能侧重点不同，在熟知竞品性能边界的情况下，产品经理可以有针对性地制定销售策略，重点突出我方的优势。面向 C 端的产品（如蓝牙耳机）由于不同品牌的宣传重点不同，有的偏重续航、有的偏重高保真、有的则偏重降噪。

3.5.3 竞品体验分析

无论是面向 B 端还是 C 端的产品，产品体验往往是用户在使用产品的过程中对产品综合表现的评价。就用户体验来说，虽然产品体验本身具有主观成分，但其判断基础与产品本身的产品力密不可分。

1. 产品外观

C 端产品往往能依据外观来吸引用户，尤其采用仿生学设计可以极大地提升用户体验，另外材质、颜色、纹理图案等往往也是产品着重宣传的地方，虽然产品外观往往要契合公司品牌的整体设计理念，但在具体的实现细节上大有可商榷之处。

B 端产品虽然核心是提高使用者的工作 / 生产效率，但产品外观往往也会被使用者看重。B 端产品所具有的独特的色彩或者色彩系统，一般也叫作企业色。企业色在工业类产品上尤为明显（典型如 FANUC、ABB、SICK 等旗下的产品）颜色非常鲜明，在行业展会上这种企业色的效果更加明显，往往在远处根据展台颜色就能让人找到公司。B 端产品虽然在颜色和纹理上的选择较少，但在设计时可在形状上做适量调整。有些形状上的调整不仅能起到美化的作用，甚至还能在生产工艺上提高装配效率。

2. 操作设计

常见用户交互操作包括 UI 显示交互、功能按钮按控、声光交互等。操作设计的主要分析方向为操作方式简洁、语音或灯光表达清晰无异议、特征信息明显、符合标准要求及人们的生活认知惯性。目前随着 C 端 UI 图形化操作表达形式的渗透，B 端的 UI 交互也在从传统的数据看板类型向图形化界面演进，这一点在新兴品牌和互联网跨界的智能硬件上特征更加明显，比如，现在新兴的协作机器人可使用拖拽式的图形化操作完成机器人的控制，而传统的工业机器人还是以按键控制为主。

按钮及键位操作往往要考虑按钮的质感、回弹响应、按钮灯光指示等。在灯光指示方面，尤其工业类产品，类似绿灯－正常、红灯－紧急停止、黄灯－报警这种具有强烈工业色彩的颜色指示一定要融合到产品的灯光设计中，以符合人们对工业灯光颜色表达的惯性认知。

3. 产品动作行为

产品动作行为体现在动作是否符合大多数人的认知和习惯。如果按键或灯光有组合使用的需求，那么一定不要出现类似红灯闪烁频率 5Hz 表示状态 A，红灯闪烁频率 10Hz 表示状态 B 的设计。功能相似度太高将无法有效地区分这些功能。如果用常亮表状态 A，用 2Hz 表状态 B，用 20Hz 表状态 C，那么这或许是个可以考虑的需求。具有运动控制需求的产品，其动作机构在执行工作中的启动、运行、停止是否平稳？是否有超出体感不适的噪声？如果这些需求在 B 端的产品上没有具体的边界约束可供参考，那么产品经理可以综合多个竞品的表现对自家产品提出要求。

3.5.4 竞品成本分析

分析竞品的成本有助于公司制定合理的定价策略和销售模式，提高产品的市场竞争力。在法律约束和道德要求下，成本是公司的商业机密，获取竞品一手的成本数据是很难的，所以产品经理需要以间接的方式收集竞品信息，再综合分析竞品的成本情况。

1. 产品定价

根据行业竞争形势，产品定价往往能反映一定的产品成本。垄断行业的产品往往有着较高的毛利率，越是竞争激烈的行业毛利率越低。在竞争激烈的行业，根据行业整体盈利能力、结合竞品以往盈利信息和自家公司的成本及盈利情况即可粗略评估竞品成本。

2. 核心元器件成本分析

核心元器件往往在产品总成本中占据较大比例，一般行业的核心元器件价格是透明的，产品经理可以收集这些核心元器件的价格并通过公司内部的供应链评估竞品核心零部件的价格，以此可粗略评估竞品成本。比如，AMR 行业的核心零部件锂电池、SLAM 激光雷达、双目相机、电机及电机驱动控制器、底盘等一般通过供应链渠道可获取价格。

3. 人工成本

人工成本是指产品生产时除必要的材料和设备之外的劳动力、研发、运营等成本。竞品的这些数据可能难以被收集到，只能借助公司内部评估折算。

4. 上市时间

产品刚上市时的成本比较高，随着时间的推移，制造工艺优化、供应链成本降低、研发成本降低都会降低产品的成本，故可以根据竞品上市时间来推测竞品的成本情况。

4

需 求 管 理

需求管理就是需求从无到有，再到实现的过程管理。在产品经理的日常工作中，需求管理占据产品经理大量的工作时间，这包括需求提取、需求编撰、需求实现等部分。其中，需求提取考验的是产品经理的思辨能力，需求编撰考验的是产品经理的细节把控能力，而需求实现则考验的是产品经理的项目管理能力。

4.1 提取需求时的考量

产品经理在入门、入行、资深的不同阶段，从惶恐不安怕出错到自信爆棚、转而守土为安、最后再次出发的过程中，产品经理对需求提取的认知、对产品最终形态的预期的心态是不一样的。

在这个需求认知变化的过程中，如果对需求的认知能提前有预习、事后有复盘，那么对产品经理的成长将大有裨益，产品经理能少走弯路、少掉坑。

4.1.1 善于借鉴

借鉴这个词用在产品需求上直白的意思就是看别人有什么好东西，能不能转化在自己的产品上。在实际操作过程中，就需求实现所涉及的市场、技术、生产能力等问题做全面的调研和思考之后，这些结果都会被内化为公司和个人的产品经验，最终的输出无论可否都是产品力的沉淀。

如果一款产品对公司而言是全新的，并且市场上已经有成功的产品案例，那么产品经理更应该借鉴这个案例，从试错成本来说，参考已有的成功案例可以无形之中躲避很多风险，减少前期因试错消耗的成本。

对 AMR 而言，若 A 产品新增了一个方便拖拽的功能，用户体验良好；而 B 产品取消了某个冗余功能，质量得到优化……那么这些成功案例是不是应该被借鉴？三人行，必有我师，产品经理千万不要觉得拿来主义，或者说不是原创不能体现自己的工作能力，恰恰相反，大部分情况下，往往能抄得明白就已经很不容易了。

产品经理的目的是提取有效的需求，造出具备市场竞争力的产品，至于是“师夷长技以制夷”，还是“梅花优于香，桃花优于色”，这些都只是过程和手段，纠结这个除徒增精神内耗之外创造不了什么实际价值。

4.1.2 稳中求进

当年笔者在设计一款 AMR 的时候，一位工程师同事在 PRD 的评审会上不以为意地说：“我原本还预期这次的产品迭代能搞大点，输出一个结合当前最前沿技术的产品构思，没想到还是在原有产品上修修补补。”

这里不揣度这位工程师的立场，仅就事论事地思考，是不是一定要“搞个大的”才能证明产品是值得做的？实际上，在全生命周期的管理中，渐进优化产品才是常态。罗马不是一天建成的，产品也不是一蹴而就的。市场上绝大部分产品基本处于同质化严重的状态，产品与产品之间的差异不会很大，最终能崭露头角的产品往往是那些在现有框架下不断地进行小幅度的迭代，稳中求进、采用更加成熟和规模化的技术一步一步压低单品成本、修复缺陷和 bug、优化操作流程、提升使用体验的产品。

总想“搞个大的”，这种心态往往出现在入门产品经理的自信心膨胀期，在产品经理刚入职新公司急于证明自己业务能力时尤为明显。不是说“搞个大的”不对，而是“合适的”才是市场需要的，“大”并不能代表产品符合市场需求，即使可以“搞个大的”，也得时机成熟才行，而这个“时机”往往需要产品在公司内部孵化相当长一段时间，经过多轮的优化迭代才能达到成果转化阶段。

4.1.3 保持创新力

前文不是鼓励理所当然地“抄”，也不是为了打击“搞个大的”而反对产品经理去冒风险，更不是打击思考产品、创新。产品经理在对待产品和需求时要能用平常心去客观地分析需求和产品，而不是受制于他人的看法和评价影响判断。去想、敢想无论何时对产品经理而言都是极其重要的事。

“他山之石，可以攻玉”，那些看似风马牛不相及的事物被放在一起却能碰撞出不一样的火花。譬如，锁这东西被使用了几千年，但钥匙都没能逃离金属材质的范畴。而在现代，单从人体本身出发，钥匙跟眼睛结合成了虹膜；钥匙跟人脸结合成了人脸图像；钥匙跟手指结合成了静脉和指纹。

在具备一定的产品经验之后，产品经理往往会根据经验去处理产品事务。根据经验趋利避害是人的本能，但这却也容易给人的想象力和创新力上把锁。那么这时，就需要产品经理依然能去想、敢想，背上行囊再出发，破除这种无形的枷锁。

4.2 编撰产品需求

编撰产品需求是一个脑力和技术活，既要说得明白、让研发工程师和测试工程师都能根据需求领取对应任务，又要根据公司实际情况酌情把握需求描述的细化程度。因此，编撰产品需求本身就是一个“既要”“又要”“还要”的矛盾体，要根据公司情况和适用对象输出符合实际需要的产品需求。

4.2.1 不同公司的需求情况

不同行业、不同公司的需求编撰情况各有不同，因此结合公司和市场情况因地制宜才能编撰符合公司情况的需求文档。

1. 只具备核心需求

处于孵化中的公司及初创公司中，团队人员配置往往并不全面（甚至可能根本就没有产品经理岗位），这个时候公司最主要的目的是先赶快把产品造出来销售，保证公司先生存下去。这时的产品往往只具备核心的几个参数 / 功能，根本没有时间来细细讨论和展开更多细节，落实到需求文档中再交付给相关的开发人员也无从谈起。而实际情况往往就是创业团队内部自己提炼核心需求，并在围绕实现核心需求的同时在方案设计阶段 / 产品开发阶段把尚未罗列出来的需求一并完成。

简单来说，在整个产品从无到有的过程中，需求更多是在小范围几个人的约定和讨论中产生，并在实际的方案设计和开发过程中被不断变化和更新。毕竟，创业团队最不缺的就是思路和想法。比如，一个想要开发一款扫地机器人的初创团队最初的核心需求只有几条，如尺寸、续航、速度、噪声等级、App 通信方式及 UI 功能等，在方案设计和开发的时候，又可以加入颜色、灯饰、语音交互等功能，而这些需求往往并不会被完全记录到文档中，更可能只是直接以 BOM 和软件实现的形式产出。

2. 具备相对丰富的需求

这里所说的丰富是相对于上述“只具备核心需求”而言的。已经相对稳定和形成了自己一套需求管理方式的企业往往有专职的产品经理人员从事需求和产品管理工作，比如，上述扫地机器人的颜色、语音交互等有明确的定义和简单的软件原型图。但在这种情况下，每个需求依旧无法确保都是明确的、可以被测试的。并且，在进行产品方案设计时，因部分需求并未得到明确定义或者定义不清晰，那么在具体实现上就会模糊。这时产品经理就需要介入并明确需求。当然，从另一个方面看，只具备相对丰富的需求对还在创业期的企业来说也是正常的。一般企业产品经理并不会太多，并且每个产品经理会负责多款产品，每个产品经理的能力参差不齐，高层领导的直接指示也较多，往往会导致产品经理精力相对分散，无法有效地聚焦。还有一种情况是公司会临时插入紧急的新产品或者新功能，需求的挖掘和阐述也难以做到充分合理。

这种无法提供完备需求也是硬件产品经理遇见的最多的情况（即使在一些大型公司，某些产品线的产品经理可能也配备不齐全），产品需求并不会在产品开始开发之前就完全定稿，需求的变化还会伴随整个产品的开发过程。当然也有不修改需求的情况，公司可以根据产品开发情况，不再修改需求定稿，在项目立项后就严格按照需求产出，只在下一个版本迭代修改需求。

3. 完备的需求

完备的产品需求很难依靠个人独力完成，往往要依靠团队合作。完备的需求并不意味着一定没有问题，只是在产品开始开发之前尽可能多地确认产品信息，减少模糊的、错误的需求。这种需要完备需求的智能硬件产品并不太多，常常是大公司按照产品规划提前几个月甚至是几年时间做需求的分析和撰写。但是完备需求的前提是对产品的形态和定义有明确的方向，并能严格遵守需求一旦制定后不再修改，或者除非存在“不得不”的情况（导致产品无法成功制造或不具备市场竞争力）。

在大多数情况下，公司很难会有完备需求文档的撰写机会。

4.2.2 好需求是什么样子

好和不好是标准判断的产物，那么“好需求”应满足的标准和条件有哪些？

1. 好需求是易读的

需求是给人看的，要让人看得明白，而描述产品或功能的参数、性质、形态是实现“让人看得明白”的手段。所以，撰写需求的第一步要解决的是确保阅读它的人可以准确、明白、快速地获取到需求要传达的信息，这包括对整体需求的理解和对细节需求的把握。

需求的描述要直白易懂，避免生僻字、生僻专业名词及复杂的句式。在描述整体需求概况时，可以使用流程图表述需求的内在逻辑，可以使用示意图展现需求的大概形态（如产品实物演示图、软件 UI 界面原型图等），如图 4-1 为某 AMR 三级避障区域示意图。

能够用数字表述的需求通常也可以使用表格展示，而那些复杂的、难以理解或者难以表述的需求则往往难以用一个长句子描述，因此可行的做法是使用总分结构进行描述或者列举约束条件。

例如，描述某 AMR 空载三级避障区的参数范围需求可以参考的表述方式如图 4-1 所示。

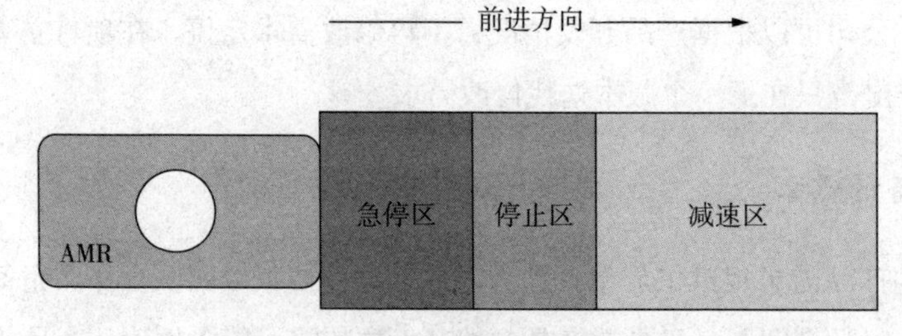

图 4-1　AMR 三级避障区域示意图

第一，图 4-1 使用图形、颜色、标注的形式让人直观地看到避障范围的大致形式。

第二，如表 4-1 所示的内容是使用表格形式列出的具体参数信息。

表 4-1 AMR 三级避障区域范围表

类型	急停区长度	停止区长度	减速区长度	宽度
仓储（二维码）	*xx*1 m	*xx*2 m	*xx*3 m	*xx*4 m
制造业（SLAM）	*yy*1 m	*yy*2 m	*yy*3 m	*yy*4 m

人们对自己书写的文字的准确程度总是存在盲目自信，因为它具备最完整的信息。在撰写完需求后，人们很可能会感慨这或许是世界上最完美的需求，所以需求编撰者在检查自己书写的需求文档时往往很难检查出需求中潜在的问题，比如，描述有歧义、语句不通顺或者需求描述错误。这时候人们需要借助第三者帮忙阅读需求，以检查出可能存在的问题。

2. 好需求是讨论出来的

三个臭皮匠，顶个诸葛亮。这话在编撰需求上一样适用。

一个人的才智总归是有限的，人不可能具备提出好需求的所有知识，因此在许多情况下，需求往往是由一个人提出，以此为蓝本得到拓展和丰富，再经过需求评审和需求确认环节才被交付给开发者。未经过充分讨论的需求也许能被用于开发产品，但并不一定是好用的，因为它往往会遗漏掉一些非核心的内容，而这些内容可能会对提升用户体验大有帮助。另外，需求被确定后，虽然会进入评审环节，但评审人员来自各个部门，他们往往会侧重于与自身本职工作相关的部分，着眼于需求是否清晰合理，而鲜有从全局思考需求是否有遗漏和优化。大部分情况是：围绕需求撰写和评审的人很多，但最终还是产品经理自己最清楚需求的全貌。

为了避免少数缺乏完整知识体系的撰写人员编撰出不那么“好”的需求，产品经理可以在编撰需求初稿时尽可能多地让更多人员参与。比如，针对 UI 原型图，产品经理给出的初稿也许只能实现基本的功能，但并不一定是最好最优的（可能界面元素布局不够科学、操作流程太烦琐等）。而产品团队里有各个岗位，前期的需求讨论不仅能提前让这些岗位的同事对需求的理解更加深刻，也能让团队在产品的整个生命周期管理中更加具有参与感。更重要的是，头脑风暴能迸发创造力和想象力，能为产品创造更多的价值，比如，UI 工程师只是从技术角度对界面提出一个优化建议，但这个建议却可能颠覆 UI 原型图的框架，让新界面更富质感，也让操作方式更人性化。

3. 好需求是方便用户的

需求的设计目的就是满足用户需要。

这话是没问题的，提需求的目的就是解决用户的痛点、难点。然而，真实的情况是：许多被提出的需求也许并不能解决用户的问题，或者不能让用户方便地使用产品。这往往是因为产品不够易用、设计不够合理，甚至需求被提出的同时又引入了其他问题。

解决问题和使产品方便易用有时完全是天差地别的概念。非专业的相机使用者可能对光圈、焦距、景深等参数毫不敏感，当然他们的需求依旧是拍摄。此时，产品需求可以是单独的各种调节参数设置方式，作用是解决用户拍摄的痛点。

好的需求是方便用户的，这是产品经理孜孜不倦追逐的目标。许多设想的需求，只有当用户真正去使用的时候才能真正地得到验证。因此在提出需求时，若产品经理不能先验证它一定是好用的、方便的，那么就只能在提取每一个需求之后让需求更加趋近科学合理。

4. 好需求是可以测试的

需求被转化为产品之后，接下来的工作就是验收产品。而验收产品的依据就是让产品的各个参数通过测试验证。测试是要有测试用例和测试要求的，而测试用例和测试要求的依据又从何而来？很明显，来自需求中具备可测试性的属性。

示例一：“这款 AMR 的质量越轻越好”并不是一个好的需求。即使设计人员真的按照产品经理希望的样子把 AMR 的质量降到很轻的地步，该 AMR 产品在测试阶段也依旧可能无法确认一个准确的验收要求，遑论判断质量是否符合要求。毕竟，“轻”只是一个形容词，是非常主观的，每个人对“轻”的判断标准并不相同。

示例二：“这款 AMR 的质量不超过 $x$kg”是个好的需求，因为它既明确了需求的最高质量要求，又把具备更低质量要求的标准交给了设计人员。

那么，是不是具备了可测试的标准就是个好需求？不一定，一些情况下，可测试性是好需求的非充分非必要条件，比如，具备美学、人体工学、观赏性的非量化的需求就难以被量化，但这些需求也依旧可以被写入 PRD 中，只是需要在设计评审时由评审组人工把关，并在 Demo 阶段得到打样验证，以及在后续的产品运营中得到迭代。

4.2.3 接受需求的不完美

在生物圈，基因决定了生命的形态，其精妙令人感慨，但不可否认的是，即使这样神奇的基因，也存在非常多的缺陷，也就是说基因并不是完美的。

产品经理撰写需求就像是编辑产品的基因序列，不同的基因序列控制着产品的性状。但是由于产品经理在编撰需求前并不能得到所有的市场信息，编撰需求时也不能先验地知道需求的具体表现（比如产品性能到底如何、市场竞争力等），所以，编撰产品的“基因”时难免会为产品带入缺陷。产品经理能做的只是尽量地规避可能有缺陷的需求，而不是试图设计完美的需求。

4.3 需求实现过程管理

通过评审后，紧接着要开始需求的实现。产品是需求实现的载体，而需求实现的过程就是产品项目推动的过程，因此，项目管理就是保证产品能够有效落地的组织工作。尽管每家公司的项目组织方式和风格各不相同，但笔者经历过的产品开发过程内容都是相似的，这里仍以某 AMR 项目为例阐述产品经理应掌握的项目管理方法。

4.3.1 计划怎么做

项目计划应以时间和成本为导向，此导向应贯穿项目始终。AMR 项目立项时的项目计划主要就是针对项目交付时间、项目资金预算、项目组成员确定及责任划分、开发和测试地点确认等大方向，目的是让参与人员大概了解项目情况、目标、节点、资源预算、重大风险项及对应的预防措施。项目立项时的汇报更像是汇报计划的目录，而真正详细的项目计划细节内容则是面向项目组成员的，是管控产品项目开发进度的参考性文件（之所以是参考，是因为大部分情况下实际进行的节点只是逼近目标节点，很难准时或提前完成）。

实施项目时首先要做的就是拆分任务，其目的是将产品开发的工作内容分解成更具体、更详细的部分，将宏大的目标具象化，这有利于提高项目的可执行性、降低风险，使项目可控性得到提高。

下面以拆分 AMR 软件任务为例介绍实际工作中可用来参考的任务拆分方法和

步骤（实际工作中可以每家公司的项目风格为主）。

1. 定义主工作包

工作包是项目中相对独立的任务，主工作包的划分依据并不固定，实际可以根据公司性质、产品形态、组织架构、项目阶段及现有资源等进行划分。

拆分 AMR 项目主工作包可考虑先从技术类型考虑，比如，分为结构、电子、电气、服务器软件、本体软件。

2. 任务粗拆

任务粗拆是对每个主工作包进行进一步的任务识别和拆分，目的是识别出组成每个工作包的具体任务，确保每个任务都是可测量、可分配和可管理的。

将 AMR 项目以本体软件主工作包进行粗拆分，又可将之分为系统软件（系统底软）、应用软件（指业务软件，一般被称为上位机）、嵌入式软件（指单片机软件，一般被称为下位机）。

3. 任务细拆

任务细拆是将每个初步划分的任务进一步分解为更小、更详细的子任务，而任务再次细分的目的则是确保每个任务都足够小，具备一个人或一个小团队在一定的时间内完成的可操作性和可执行性。

AMR 项目以嵌入式软件进行进一步细分，可再次拆解为 BSP 板级支持包、电机驱动、传感器采集、电源管理等具体功能性质的细分子任务。每一个细分子任务已经具备实际的任务可分配性和可执行性。

图 4-2 为 AMR 本体软件任务粗拆、WBS（work breakdown structure，工作分解结构）图。

4. 梳理任务依赖关系

梳理任务与任务之间的业务耦合逻辑和依赖关系是十分有必要的。有些任务相对独立，可以和其他任务并行进行，而有些任务则必须在其他任务完成之后才能开始，需要前置条件。梳理任务间的依赖关系有助于优化资源分配及风险识别和把控。

在 AMR 嵌入式软件中，BSP 是第一步要开发的，而在 BSP 功能实现后，电机

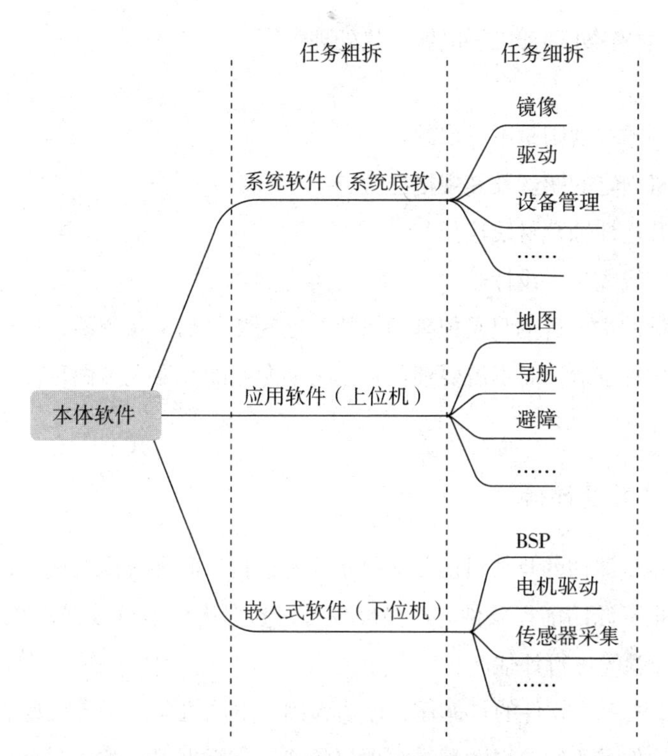

图 4-2　AMR 本体软件任务拆解图

驱动、传感器采集等任务才可以并行开发。系统软件、应用软件、嵌入式软件主体上可以并行开发，但需要设立联调节点进行联调测试。在正式的联调测试前，这些模块各自依赖的上下级数据通信功能一般可以通过内部封装数据闭环自测，从而避免真实的上下级数据通信需求。当各自功能开发到一定程度时，可联调测试以验证真实功能的实现情况。

需要注意的是，在细分资源依赖时要注意颗粒度适中，不要分得太细。虽然更细的颗粒度能更准确地梳理资源依赖关系，但这是非常耗费时间和精力的，并且更细的颗粒度往往是具体开发过程中具体项目组成员要面对的具体开发点，产品经理在做资源梳理的时候，将颗粒度细分到具体的资源属性即可。

比如，对 AMR 结构设计阶段的资源进行依赖分析时，可参考以下的颗粒度。

（1）需求定义的物理尺寸及其他特征参数→ PRD。

（2）机械结构设计及有限元分析→结构设计。

（3）传动链设计及校验→电机选型。

（4）物料采购→供应链。

（5）表面特殊处理加工→电镀、热处理工厂。

……

而以下的颗粒度则是不可取的。

（1）电机固定的螺丝及其规格选型。

（2）顶升连杆轴套材质选择。

（3）电气线缆长度设计。

资源依赖的主要目的只是梳理项目执行期间相关的依赖资源，进而梳理需求相关资源的调度和申请，而不需要细化到去帮助专业的开发人员做具体技术细节规划的程度。

5. 任务工作量评估

任务工作量评估的具体目的是对每个任务进行工时和资源的估算，也是制订项目计划和安排资源的前提条件。产品经理可以参考历史项目数据、经验人士判断、类似的项目经验等进行评估。

以 AMR 嵌入式软件的具体任务评估为例：下位机为已量产机型通用的电气模块，有部分软件需要修改以适配当前项目的产品。根据以往类似项目，以及当前已有的项目可用人力资源，BSP 改动不大，评估为 2 人 · 天；选择新型行走系统一体机，评估电机驱动开发为 7 人 · 天；有改动的传感器系统均为 I/O 信号类型的传感器，评估开发周期为 4 人 · 天。

6. WBS 层次结构

WBS 是一个树状、表格或者大纲类型的图表结构，用以显示项目的所有工作包、任务和子任务之间的层级关系。

基于 AMR 本体软件 WBS 拆解的树状图可以表示的层级关系见图 4-2。

树状图能直观地体现任务的层级关系，适合项目组及管理层快速了解项目的任务结构，但树状图难以表现更为复杂的时间节点及资源依赖关系。

7. 任务分配

根据项目组成员的技术 / 操作熟练度、资源可用性可以将具体任务分配给具体的人员或者团队，当然，在分配任务时还要考虑任务的优先级和资源的平衡，确保任务风险可控，能够按时完成。

保证项目任务能有效执行、项目能按时交付的最重要步骤就是将责任具体分配到人。当项目被拆解完成之后，具体的责任一定要指定给具体的项目组成员。假如项目组成员未到位或还处在招聘阶段，则可暂时将负责人指定为该岗位的部门领导，而当人员到位之后，要及时同步项目管控文件，分配具体人员。只有将任务分配给具体的项目组成员之后，才能最大限度地避免开发过程中分工不明确导致的责任推诿或无人负责。

例如，明确 AMR 的底盘设计由王工负责，顶升系统由李工负责，就不能在文档中描述“AMR 的底盘设计和顶升系统由王工和李工完成”，即便王工和李工在部门是上下级关系，也应指定其中担任领导职务的人为负责人，再由他们自己分配具体任务。但即使如此也要将他们内部分配好的任务同步到项目计划中。

在项目开始之初能将项目计划分配到责任人就意味着具体的任务推进能有具体的责任人跟进，后续的项目管控和问题跟进也都会有抓手和实际跟踪人。

8. 项目管控

项目管控的目的是确保项目实施和项目进度符合项目计划，根据项目人力、资金、进度，动态调整计划和资源分配，规避潜在风险项以确保任务按计划进行。

完美的、毫无破绽的项目计划是不存在的，毕竟没有人能先验地预知项目进程中所有的风险和意外。既然无法完全规避风险和意外，那么在项目过程中更多关注项目细节才能尽可能地把控风险，减少项目失败的可能性。

一旦进入正轨，项目工作很大一部分内容就会变成跟进项目进度，而跟进项目进度并不是在任务分派完成后做个甩手掌柜不闻不问，也不是简单地问一问具体任务责任人做到了什么程度后更新个时间就算了事。产品经理要做的是定期召开项目进度会议，比如，每天或每两天一次的站会、一周一次的项目进度会。在会上产品经理要着重了解各任务目前的进度及风险项，其中，简单的风险项可以在会上处理和安排，而复杂的情况则应放在会后专项处理，不应在会上耽误整个项目组成员的时间。在日常的项目管理过程中，产品经理还要主动与各任务负责人沟通，因为许多风险和资源协调需求并不会全部在例会上暴露出来，需要产品经理主动去沟通、挖掘。有些问题在具体的项目组成员看来可能无关紧要，但实际上却有可能会严重影响其他任务，毕竟项目管理者更清楚项目整体情况。有些项目组成员可能因为性格或自尊心问题而不愿意在公开场合主动暴露出他们需要资源协助的情况，因此这种情况需要项目经理私下多做功课。

项目进行的过程中，各种大大小小的“意外”总会源源不断，比如，专精AMR底盘设计的王工突然要调离项目组，并且暂时还没有相应的后备人员替补，那么就需要在王工离开项目组之前评估底盘设计的完成度，以及人员变动导致的底盘交付质量风险，另外，还要评估王工调离可能导致的底盘任务及其他任务的延期风险。由此可参考的措施如下。

（1）向上反馈项目风险，尽最大可能避免该人事变动。

（2）向公司申请该任务的人力补充，要求最好具备一定的熟练度，以便快速接手。

（3）通过公司或领导与王工沟通，询问其是否可加班提前完成底盘设计开发任务。

（4）评估项目组内的其他结构设计人员是否具备接手底盘设计任务的能力。

由于该AMR项目为优化迭代项目，底盘设计任务本身有成熟的技术积累，实际上，当该事件发生时，笔者在规避风险过程中尝试过上述前三项措施，但均没有得到解决方案。最终，结合公司的实际情况，笔者采取了第四项措施，并且效果良好，该底盘设计任务也如期完成，并且给其他关联任务造成的潜在风险也最终被证明是可控的。

4.3.2 做好文档管控

笔者入职的一些公司对文档管理的态度各不相同。有些公司在项目计划及研发过程中几乎不会编写各种文档，就连注释软件代码也不需要，甚至当笔者咨询已有的业务逻辑功能时得到的答复却是：“懂的自然懂。”这是什么逻辑？都21世纪信息化时代了，信息的传承既不是古代的泥巴刻字，也不是文本记录，竟然要靠“天启”来梳理任务内容，后来这家公司果然走了破产程序。而有些公司从BRD到技术方案书再到结项报告一应俱全，即使项目中途有人员更替也能让项目组新成员根据已有文档资料快速了解项目情况，快速进入具体状态处理任务。

项目在进行过程中会产生大量文档，根据公司情况，文档管控可以使用以下方式。

（1）利用公司现有系统平台（如PLM、PRM）进行文档管控。

（2）项目组内部文档把控。

公司一般会有完备的文档管理办法，但这些管理办法可能更适合归档类型的文档，更重视的是稳定。但在实际工作中，许多文档只是项目组内部临时性的（如早上站会的内容记录），这种文档更适合项目群组内流通，体现的是强时效性。项目文档一般是以上两种类型的结合。

随着项目的进行，文档管理会越来越复杂，版本版次混乱和描述不准确问题频发。文档版本混乱的根本原因在于同一文件的现行版本（一般是最新版）并未在相关人员处流通，这种信息偏差会导致实际的工作中标准信息无法在传递过程中得到统一，使用者之间信息不对称。比如，AMR 本体软件中上位机和下位机的开发人员使用的是不同版次的通信接口文档，那么在联调的时候软件架构很可能需要重新调整，否则版本不对齐必然会导致项目节点延期。

如果公司没有文档命名格式规范，那么可以参考《600kg 级 AMR_PRD_V1.1_20240601》这种体现版次和版本发布日期的方式作为标准。如果有对应的系统文件编号，那么也可以将文件编号体现在命名中，比如，《DOC00000001_600kg 级 AMR_PRD_V1.1_20240601》，以便使用者根据编号在系统中下载最新文件。更新文档的通知有多种形式，例如，PLM 管理软件送审完成后的系统邮件通知、组织者通过邮件再次通知、日例会 / 周会的宣导及项目群组中上传文件并通知具体相关人员等。实际上 PLM 送审完成后的系统邮件通知往往并没有多大的效果（因为项目组成员很可能每天会收到很多无关的 PLM 信息通知，不再对通知消息保持敏感），一般需要配合其他方式以确保使用者获取到最新版本的文件。在最新文档发布的同时，旧版本文档也要同步作废。

相比项目文档，软件的开发文档则有一些不同，一般有两种表现形式，一种是常规的文档记录，一般被用于部门或项目组内部的开发设计任务，包括技术设计说明书、通信 API 接口、研发自测结果记录等；而另一种则是广泛存在于工程（常常由各种开发工具创建和管理）中的文件或代码注释块，由于这种文档与实际代码共生并一般会使用 Git、SVN 等版本控制和代码托管工具管理，几乎完全由软件开发部门内部闭环并一般作为公司机密不可对外传阅。

另外，许多文档在发布时会添加电子印章以保证在使用过程中内容不可修改，但为了在后续版本迭代时可修改，需要同步存在引用版。常见的签章版和引用版往往是孪生存在的，如《600kg 级 AMR_PRD_V1.1_ 签章版 _20240601》和《600kg 级 AMR_PRD_V1.1_ 引用版 _20240601》。版本发布时，发布的往往是签章版。

文档版本管理需要确保信息流动的统一性，而文档描述的准确性则是为了保证文档能有效地发挥作用。从实际情况讲，文档的准确性是相对的，人们只能让文档更加准确而不能绝对准确，而让文档准确就意味着要有“检查作业”的人来审阅“写作业的”的人，无论是初审还是版本迭代，文档都应遵守图4-3所示的操作流程。

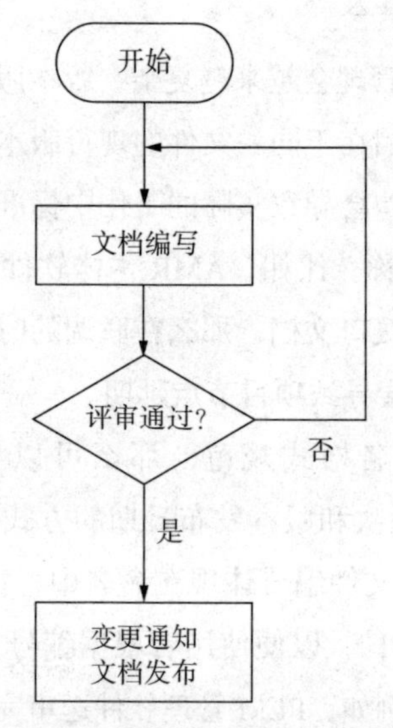

图4-3 文档版本迭代评审流程

文档需要根据性质做不同的受众范围限制。产品经理正好是中台角色，而项目往往会涉及公司大部分部门，在项目管理的过程中尤其要注意文件的保密性。比如，研发部门内部技术资料不小心被传入对外合作群中并且没有及时撤回，而公司没有加密系统，那么这些文档就极容易外泄。要规避这种情况可以参考文档版本控制的方法，比如，给出文件号、利用现有管理系统（如PLM、PRM）自行下载或邮件抄送给相关人和相关团体。

4.3.3 让问题可追溯

项目的开发过程其实就是遇到问题、分析问题、解决问题的过程，没有问题的项目几乎是不存在的，项目在进行过程中会源源不断地产生问题，这些问题可能是bug、需求不确定项、“好点子”、无关紧要的事情等，可能来自项目组内的任何人，当然也可能来自项目组外，如老板的命令。一般根据处理形式和影响范围，这些信息大致可归类如下。

（1）问题不会对项目中的任务产生不良影响，可不处理。

（2）问题在问题追溯系统中已经存在，可被标记为“重复”，并关联已处理项。

（3）问题为缺陷，也就是 bug，应提交给相应的项目组成员或团队处理。

（4）问题来源于需求定义 / 描述不清晰，需要组织评审确认需求。

（5）问题为新的需求（一般是在开发过程中出现的好点子），需要组织审批以决定在当前版本开发还是到下一个版本优化。

（6）问题是供应链紧张、人力短缺、工期延迟等资源性风险项，需要根据情况动态地把控风险项。

（7）无法判断问题是否会对项目产生积极影响、消极影响、还是无影响，可提交给专业人员进行进一步的分析辨认。

问题的可追溯性常常需要文档记录确认，一种可参考的项目问题记录形式如表 4-2 所示。

表 4-2　项目问题记录

序号	风险等级	发生时间	现象	原因	解决方案	下一步计划	当前状态	备注	链接
1	高	……	……	……	……	……	完成	……	（可链接 Git 等）
2	中	……	……	……	……	……	待排期	……	……
3	低	……	……	……	……	……	进行中	……	……

从另一个角度来看，问题追溯和项目风险管控是分不开的，问题记录的作用是汇总，再细分机械、电气、软件、供应链等类型，如图 4-4 所示，可由 Excel 表格管理，当然也可以使用 Git 工具记录以便与研发类文档处于相同的发行版本管理平台，这样文档的流转会变得很方便。

AMR项目问题汇总 | RCS | 机械 | 电气 | 本体软件 | 供应链 |

图 4-4　Excel 表格问题记录表示例

需要注意的是，在项目过程中并不是所有的问题都能成为“问题”，在项目初期，一些暴露出来的问题通常属于开发过程中的必经之路，并不需要在项目文档中额外记录，一般由研发部门自行管控即可，毕竟这个时候一切都处于起步阶段，功能不全或功能完全还未实现非常正常，只要不是阻挡下一步工作的问题都只需要把控节点即可。

追溯问题的根本目的并不是记录和使问题有迹可查，它的目的是使问题能被有效地归纳梳理和“吃一堑长一智，警钟长鸣”。

4.3.4 变更管理

变更管理的目的在于确保设计、开发、生产过程中的更改能有序、有效地进行。

变更管理不仅发生在产品已经大量生产的（一般为上市产品）阶段，处于研发阶段的产品也要接受变更管理。只要是正式发布的与人、机、物、法、环相关的文件发生正式的变化，都要发起工程变更请求（engineering change request，ECR）和工程变更通知（engineering change notice，ECN）过程。比如，针对某个已经上市的产品，对其已经发布的BOM中的某颗电子元器件进行了新的选型设计，这就需要针对这颗电子料发起变更流程，同步研发、生产、供应链的信息对齐，防止该物料变更时，各相关部门掌握的变更信息不对称的情况发生。

变更管理一般是通过公司的管理系统实现，有着完备的管控过程。需要注意的是，对关键的或者功能有修改的变更，在发起ECR或者ECN之前，稳妥的方法是事前开会沟通，告知相关各方达成统一意见或者使他们知晓信息，尽量减少变更过程中出现的信息重复确认或因信息不够透明导致的变更被驳回。

4.3.5 管理项目组

一般来说，在智能硬件产品公司里，产品经理往往还要兼顾项目经理角色，由于智能硬件公司的组织架构一般为矩阵式，所以项目组成员来自不同部门的情况非常普遍。因此除小型项目组外，一般的项目组跨越的部门就比较多了。有人的地方就有江湖，人与人之间的关系可不是项目经理（此时是产品经理的另一个身份属性）用简单的图表能管理的。

1. 任务推动遭遇阻力

当任务阻力出现时，产品经理需要分析阻力出现的可能原因，常见的原因是组员的资源被占用，或者任务难度比预设的大，这种客观上的阻力一般可以通过资源协调沟通去解决。还有很多情况是项目本身没有得到组员或身后的部门支持，甚至立项之初就被组员乃至相关部门抵触；也可能其他部门跟产品经理本人所在的部门之间因矛盾而较劲，项目本身可能只是其中一个角斗场；当然，出于这样那样的原因，产品经理本人不可能让所有人都满意。

既然主观的人为因素确实难以和解，那么产品经理就只能多做功课，了解项目相关方的态度和期望，提前有预判和心理预期，那么在遇到项目任务因人为因素阻塞时可以提前避免问题产生或及时作出应对策略，组织资源化解阻力，推动项目前进。当然，没有永远的敌人，也没有永远的朋友，只有一致的利益。上个节点可能还水火不容的人到了这个节点可能又成了团结一致的朋友。

还有一些情况是组员抵触、不配合，他们嚣张的资本可能是比项目经理还深的资历、丰富的经验、与管理层的裙带关系等，这种类型的人要么自命不凡不愿屈尊就卑，要么依仗关系携重自恃。这种情况下，项目经理需要懂得张弛有度，不到万不得已尽量不要采用弹压的方式，因为这样很可能会适得其反。相反，要表现出对对方的尊重，并且要在一些重要的问题上多与对方商量，要让对方感觉到自己的影响力，从而保障项目工作的进度。在关键的问题上，如果对方还是不知轻重，那么就要采取措施让对方明白没了他这个项目也能继续进行，或者就是冷处理，也就是晾着对方，不让对方参与太多的工作，长此以往，无事可做往往对一个人的心理影响是致命的。

每个部门都是一个相对独立的小组织，形成了独特的部门文化和工作方式，每个成员在日常工作中也习惯了这些规则。组建项目组就是建立新的工作方式，并且还是从多个不同的“规则”环境挑选成员创建组织，新组织内产生摩擦再正常不过。遇到分歧，或者预测可能有分歧时，项目经理就需要多牺牲一些时间和精力先跟相关人员沟通，获取他们的意见和期望，从而更加从容地做好预案，理想的目标是既能照顾到大家的面子又能推动项目前进。

2. 信息沟通、证据留存

信息沟通主要体现在信息对齐上。项目推进的任务发布、关键节点等信息一定要通过公共媒介确保信息能传达到所有相关人员。可以借助的工具有钉钉、企业微信、邮件等。这样做有两方面的考量，一是项目信息对齐能让组员对整个项目情况有足够的认知，方便其领取自己的任务，同时也关注与自己工作相关的其他组员情况；二是明确责任和权责划分问题，避免了扯皮，说白了就是制造证据、留存证据。按照笔者的经验，使用邮件来通知重要的任务、里程碑、重要的结论等信息能非常有效地避免扯皮及问题暴露时划分权责的时间成本。

另外，牵扯到第三方合作的项目时，首要的事情就是明确双方的对接窗口，也就是确认对接联系人（双方的责任人）。需求的变更、信息的流通都要经由对接窗口完成信息交互，否则沟通渠道里人人发言都是甲方，没有统一归口势必导致沟通混乱。项目过程中第三方相关的需求变更、责任划分、项目验收标准等任何产出物均应落实到文档上并且要经由邮件通知双方确认，有些关键性文件在有必要的情况下还要经过商务沟通并由双方签字确认。这些看似很上纲上线的烦琐工作实则是非常重要的，若是做不到位，一个不小心可能就会影响项目的进度。

3. 常庆功，常成功

不定期激励团队的士气是非常必要的，“常庆功，常成功”，激励团队可以很好地释放项目组成员的压力及促进团队成员间的人际感情。激励的方式有多种多样，一般是团建聚餐居多。

5 产品经理的工作方法

产品经理不仅应编撰出好的需求，还应具备与人沟通方面的方法和技巧。使用合适的工作方法往往能让工作事半功倍。

5.1 用合适的方法满足用户需求

没有最好的，只有最合适的。产品本身就是权衡各项因素的利弊而达到平衡的结果。

5.1.1 相关要素分析法

在用户实际的应用场景中，产品本身可能只是用户现场完整解决方案中的一部分。也正是因为产品经理可能只提供了一个或几个要素，所以当用户把“问题”反馈给产品经理时，产品经理很有可能会“一叶障目”，关注点只是停留在自家产品是否可以满足或者怎样去满足需求的问题上，而忽略了这个需求的最优解可能在其他相关要素上。

相关要素分析就是分析与目标有较高相关度的事 / 物。沿用上文“AMR 系统的节拍无法满足生产效率”的例子，用户的真实需求已经明确，但满足这些需求要采用的方法却可能千差万别，花费的成本也完全不同。图 5-1 为 AMR 相关的某一应用场景要素简图。

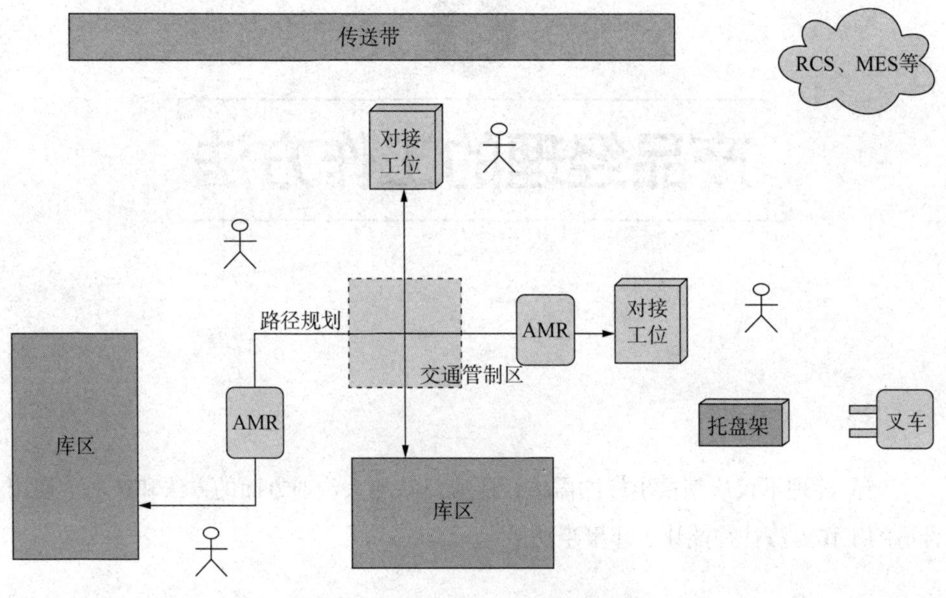

图 5-1　AMR 某应用场景示意图

根据相关要素分析，解决“AMR 系统的节拍无法满足生产效率”可行性方法或建议如下。

（1）规范客户现场人员操作规范，减少人机混场频次，提高 AMR 整体运行速度。

（2）客户是否可优化生产线峰谷节奏、均衡负载使生产节奏与 AMR 系统相匹配？

（3）优化 AMR 路径，减少转弯、交通管制的等待时间。

（4）在不引入其他安全风险的前提下提高 AMR 空 / 满载速度上限，提高 AMR 旋转速度和加速度。

（5）如果采用以上方法会引入其他安全性问题，且这些安全性问题无法被规避，建议客户增加 AMR 使用量。

……

5.1.2　方案最优解

事无常师，办法总比困难多。

上面的例子如果建议（4）能满足需求，那就再好不过；如果建议（4）中提高的效率有限，可考虑引入建议（1）；否则就引入建议（2）、（3）……，以此类推，在限制条件和可行性之间寻找平衡点。

满足用户需求的方法不是越容易越好，而是越合适越好，解决一个需求往往也不是只靠一种方法，而是靠系统级的最优解，只是这个最优解可能需要多个方法并行操作才能实现。当然，能比较容易地解决问题也是重要的参考项。

再说一个用户是公司本身，自发寻找系统最优解的例子。受国际局势影响，一款国外生产的行走系统减速机缺货，货期预计推迟了两个月，而国产化替代品才刚刚进入性能测试阶段，完整的性能测试还未完成，客户订单压力很大，公司已到了不得不出货的局面。这时候要怎么办？真实需求如下。

（1）国产化替代势在必行。

（2）客户货期的压力要得到缓解。

根据相关要素分析结果，笔者最终给出如下方法。

（1）继续国产化替代品测试，保证至少两家国产样品测试。

（2）空间换时间，将库存的进口减速机优先供给工况环境要求高的客户、重要的大客户，以及标杆项目客户。

（3）时间换空间，交付其他客户的产品可使用已经测试的当前性能表现最好的国产化替代品。（产品交付都是需要时间的，也许客户订单还没生产进口减速机就到货了，也可能国产化替代品测试结束并且该款减速机能满足使用要求）

……

并行的其他进程如下。

（1）积极寻找市场上存量的进口减速机。

（2）从售前获取客户真实的产品交付日期（deadline），给内部策略调整留出充裕的时间。

这些方法不是完全由产品经理来主导的，往往需要协同生产、销售、供应链等部门一起完成，所以产品经理往往也要给出中肯的建议并在结论确定之后做好相关部门的宣导工作。

上面的例子虽然偏向于B端客户，但代入到C端也是一样的。比如，蓝牙耳机类产品可能也会遇到类似的问题，包括BLE芯片短缺、磁铁供货周期不稳定等。

5.2 产品经理避坑指南

本章节主要立足于产品经理自我批评的角度，分析工作中常见的认知错误。

5.2.1 以为用户知道自己的需求

笔者刚做产品经理的时候曾对接过一个合作开发的用户，项目产品的一个功能就是用户需要通过工控机调用 SDK/API，将用来检测工件的轨迹程序下发到设备中执行，这些轨迹程序大小为 100~400MB 不等。后来用户提了一个需求，就是需要扩充设备的磁盘空间，因为用户需要检测的工件种类非常多，每个现场的工件都不一样，设备可用的 4GB 大小的磁盘空间很快就满了。

对接到这个需求的时候，笔者内心的想法是这样的：这哪里还能拓展磁盘？又不能像笔记本电脑一样可以外接磁盘，这得重新设计电路板拓展磁盘空间，代价太大，不应予以理会。就这样，这个需求被笔者拖延了一个月。

后来，用户对这个磁盘空间的需求非常强烈，说已经要影响他们的生产效率了，没办法，笔者不得不拉上领导和研发工程师再次复盘这个需求。

领导："你觉得改电路拓展磁盘空间多大够用？"

笔者："估计得 50G 吧。"

领导："100G 够不够？多大才算够？用户需求是解决存在多个轨迹时正常切换执行，而不是设备磁盘空间不够的问题，跟用户沟通沟通，把轨迹程序及转换工作放在工控机那边。"

这里笔者实际上偷懒了，武断地以为自己知道用户的需求，缺乏足够的思考和判断。笔者以为用户的需求就是磁盘不够了，要拓展磁盘空间，这实际是自己假定了用户的需求，限制了自己发掘真实需求的思维。在产品需求的定义过程中，产品经理需要识别并规避这种问题，求证用户的需求到底是什么而不是用户想要什么，否则，等产品真的被开发出来后不能真正解决用户问题就只能顿足捶胸、懊悔不已了。

5.2.2 以为自己知道用户的需求

产品经理不能把用户的需求建立在自己的猜测和想象上。这里讲个笑话。

顾客："画个我女朋友的肖像吧，她肤白貌美大长腿，气质优雅，仪态端庄。"

画家听完后给顾客画了一只火烈鸟。

这里可以看出，画家以为自己满足的是用户需求，然而这只是画家以为的用户需求，实际上加入了自己的主观臆想，所以交付物与顾客的需求相去甚远。

“我觉得用户的需求是……”“我认为用户一定会赞叹这个设计”“用户肯定是想要……”。抱歉，如果产品经理觉得用户可能会有这个需求，那么就应该与用户沟通确认，而不是以自己的经验和喜好来定义用户的需求。产品经理应该站在用户的角度去思考问题，而不是自己去臆想用户的问题。

产品经理可以预测、猜想，或根据自己对用户的了解来对用户的基本情况分析判断，从而预测和提炼用户的需求，这本身就是产品经理应掌握的能力，预判本身并没有错，错的是缺少验证与核实、自以为是，那就大错特错了。

5.2.3　需求定义不清晰

最近笔者在玩一个 AI 工具，给它的指令是“给我画一匹奔腾的骏马”，界面还在缓冲的时候，笔者的脑海中已经勾勒出一匹汗血宝马，它肌肉虬起、毛色鲜亮，长长的鬃毛和浓密的尾巴随风飘扬，飞奔在辽阔的草原上。然而，当 AI 图像生成之后，笔者看到的却是一匹油画形式的骏马，毛色暗淡、没有肌肉、没有处于草原环境，甚至还多了一条腿，令笔者大失所望。多次修改提示文案后，笔者把想要的效果描述清楚，终于得到了想要的骏马。

在这个例子中，笔者明明提的要求是 A，却要求 AI 工具能理会自己的心意画出完美的 B，这是不正确的。产品的需求一定要由文字传递和归档，就是要被定义得清楚明白，避免执行者曲解成其他可能的执行方向。

在实际的产品开发过程中，若需求定义不明确则往往会发生这样的对话。

产品工程师：“这个功能怎么能这样做呢，这个功能是要 X 的呀！”

研发工程师：“PRD 上并没有你说的 X 功能，我是严格按照 PRD 描述来开发的。”

“想明白”和“说清楚”需求是两回事，想明白的事情说不清楚和没想明白也没说清楚是一样的结果，都不能清晰明白地传递真实的需求。还有一些需求没能说清楚的实际上并不是需求本身复杂，恰恰可能是因为常识性的知识，由于偷懒，产品经理在输出需求时认为需求是通识就想当然地以为无须再多费笔墨。然而，即使是通识也不能保证所有人的知识库都包含它，存疑的地方就会存在理解偏差，信息传递的一致性更是无法得到保证。

5.2.4 计划无用论

说起计划，总是有人感到头疼，因为很多人害怕产品开发过程中项目计划总是一变再变，导致大部分项目最终的时间花费和成本支出超额，一些项目实际成本甚至可能达到项目立项时计划的 2 倍甚至更多，项目无法按照计划的节点顺利推进，遇到各种各样的风险和挑战，比如，技术卡点阻塞项目推进、成员离职或成员调离项目组导致研发资源不足、添加计划外的新功能、国际局势不稳定导致元器件供应短缺、代工厂加工件尺寸偏离等意外都会对项目计划构成巨大的挑战。由于项目一定会遇到这样或者那样的问题，通常都无法按计划执行，故“计划无用论”有相当广泛的受众。

美国前总统艾森豪威尔说：“Plans are worthless，but planning is everything”（制订计划本身是没有意义的，但是制订计划的过程却是至关重要的）。制订计划的意义就在于倒逼项目组成员全面详细地梳理项目从立项到结项的过程，确认尽可能多的依赖项，包括目标确定、策略制定、资源分配、时间表制定、计划执行等大方向节点和容易疏漏的重要细节。有了项目计划，即使真正执行的时候需要不断地调整，那也是在已有的预案里执行，项目是相对可控的。这就好比计划好时间和路线后再从上海开车去新疆，尽可能地将风险项规避掉或做好预案，路程虽然遥远，过程中也可能会出现堵车、自然灾害、误走高速匝道等情况，行进的过程中可能一直在动态微调，但总体行驶路径、修整地点、行进方向是明确的，但若没有计划，走一个路口再看下一个路口，那么很有可能迷失方向，误向西南、东北行驶甚至回到起点。

想象一下，没有项目计划、没有预案、没有明确的目标，那么项目过程将处处是“惊喜”，整个项目组也会像无头苍蝇一样东飞西撞，无法组成攻坚“集团军”，而只能就成为随时待命的“救火队员”。

5.2.5 不要懒惰

懒惰是产品开发的大忌。为什么这样说？因为懒惰就意味着工作执行不彻底、不完全、不通透，就是把风险交给了运气。

例如，因为测试资源不足而只进行功能测试和老化测试，舍弃 PCBA 的 ICT 测试、FCT 测试，那么设备到了用户现场被使用一段时间后电气系统毛病百出，产品更换和用户退货情况频频发生简直就是必然，甚至会引发安全事故，严重影响公司口碑。

又如，因为已经进行了多轮的测试，后续只针对修复的缺陷项和新增功能项进行测试，而并未进行回归测试，那么产品到了用户现场后原本稳定可用的功能突然变得无法使用也是大概率会发生的。软件测试行业有句话："哪怕整个程序只是添加了一行注释，你都不要相信程序还能正确执行。"笔者曾见过用户现场的产品原本稳定的 OTA 功能竟然无法使用，导致重大召回事故，调查发现，开发者声称工程里只是添加和删除了几行注释，并未修改任何执行代码，不会影响程序运行，而测试部门竟然真的没有进行测试。

再如，因为项目进度紧急，加上之前的零件已满足加工要求，所以该批次的零件来料后并未接受全面的指标检查就被安装在了样机上，结果上电就因为结构干涉而压坏了内部的薄弱零件，使原本就已经延期交付的项目更加雪上加霜。

按照项目计划安排，目前距离 PVT 阶段还有一段时间，所以就计划等一段时间再跟生产部门进行小批量生产的沟通。始料未及的是，公司要求产品要提前进行市场发布，但目前产品的小批量试产都还未进行，产品提前上市的话，生产上是否有高风险的问题尚未暴露出来。所以，原本低风险的项目，立即变成了高风险项目。

在产品开发过程中，这类例子不胜枚举，人们总是可以找到这样那样的理由拖延、忽略、无视任务和需求，而这往往会导致产品开发失败，或需要更高的成本、更长的周期来弥补和挽救前期懒惰造成的残局。

5.2.6 适合的就是最好的

排除品牌偏好，人们买手机的时候一般会根据自己的预算来选择相应价位的机型。然而，同一个品牌甚至同一款机型也会分好几种价位的型号，比如，"标准版""旗舰版" Pro、ProMax，不同需求的消费者可以选购适合自己的手机。

在开发产品的时候，人们总是希望自己定义的产品是高大上的、新技术"拉满"的、功能前卫且丰富的，这种想法没有错，但他们容易犯两种错误。

1. 新功能至上主义

笔者在设计一款 AMR 的迭代版本产品时，编写的 PRD 对机器人定义的功能都是已发布的或者已经被验证的成熟技术，目的是保证在性能和体验提升的前提下对主打产品做降本增效迭代，稳固产品的市场竞争力。当笔者拿着 PRD 初稿与各部门进行 PRD 评审前的线下沟通时，几个部门的反应截然不同，销售部门认为新版本设计方案加强了产品竞争力，工厂认为新版本设计方案提高了生产效率，但研发部门则认为这个产品设计方案没有“让人眼前一亮”的新功能，也没有使用“引人遐想”的新技术。这三个部门的反应都可以令人理解，毕竟站在他们各自的角度都有道理。然而，产品经理提供的是既可以满足用户需求，又能最大化地提升公司盈利能力的产品。新功能对提升产品的创新力是有益的，但一味地追求新功能却又是不可取的，做产品不能像创客和发烧友那样灵活自由，市场对产品的诉求也不是只看新功能多么强悍，而是性价比最优。

2. 不知何时该停止打磨产品

与“新功能至上”主义相反的一个极端就是不知道何时该停止打磨产品。而这也有两种情况：一种是总觉得产品没准备好，还要继续雕琢，需要等到足够好以后再推向市场；另一种是已经推向市场的产品某些功能持续迭代，一旦发现产品不能适应有些场景就首先怀疑的是产品力还不够，还要继续打磨。

没有十全十美的产品，认为产品不够好、还要打磨到更好才可以销售的想法属于过于极端的完美主义。真正的问题在于“好”这个词应该是市场给予的评价，还不够好、还要继续打磨、要做到 100 分才算完成，这本身就是“自己给自己设的圈套”，只要产品比其他人的更好用、更具备吸引力就是成功的和具备市场竞争力的，至于更进一步的优化则可以在产品被推向市场之后再持续不断地迭代，尤其是具备升级功能的软件产品，即使售出也不会影响用户使用到最新版本。市场是残酷的，当自己还在精雕细琢产品的时候，用户使用的却都是友商的产品，当自己决定要大张旗鼓地反击时，友商却已经推出了更优的产品，那么在商业竞争上就是完败。

这世上没有包治百病的良药，同样地，这世上也没有能适应所有场景的产品，否则，哪里还需要 MRD 细分目标市场和目标用户。做好产品的初衷是有的，在产品持续的迭代中却往往很容易地就偏离它，尤其是在中小型公司这种情况会格外明显。一个行业里，前十甚至前五的公司的产品通常会占据大部分的市场份额，剩余公司接到的订单可能就是那些和通用性产品有足够差异的产品，做非标定制是一种处理方案，即该订单产生的产品要与标准产品解耦，满足非标定制用户的需求即可。但现实情况往往是许多公司认为是自家标准产品不够好，还不能满足某些“小众”场景，于是将原本应当非标定制的功能视为通用功能加进标准产品里，这种改动往往会导致单件产品硬件 BOM 成本的上升及软件的维护成本提高。

关于打磨产品，笔者还可以举一个机械加工工艺的例子——零件表面磨加工。在机械加工领域，有些零件稍稍粗磨即可满足使用要求（如需要表面喷漆的机床外表面）；而有些零件在被粗磨之后还要精磨（如直线导轨）；有些零件不仅要精磨，还要进行研磨加工（如发动机的进气门）。如果不考虑成本和使用场景，无休止地打磨产品，那么以上零件都可以使用研磨加工，甚至还可以用极高的尺寸公差、形位公差和表面粗糙度标准设计这些零件，显然，这样做是愚蠢的。

5.3 事半功倍的沟通

笔者还未转行做产品经理之前患有腰椎间盘突出和腰肌劳损，医生说需要多走动，不要一直坐着不活动。后来，笔者转行做产品经理之后，这些毛病就缓解了很多，不是笔者下班加强了运动，而是转行做产品经理之后，上班期间几乎不是在沟通就是在去往沟通的路上，活动量较转岗之前大大增加。讲这个小故事也是想说明，作为产品经理，各种形式的沟通所花费的时间占据了相当一部分的工作时间，沟通非常重要。

产品经理需要花费大量的时间进行沟通，这本身也是跟产品经理岗位属于公司中台部门有关。产品经理沟通的对象包括销售、供应链、研发工程师、工艺工程师、老板等几乎公司各个职能部门的同事，另外也常常要做公司对外项目的窗口对接人。面对这么多性格各异、职业属性不同的人，掌握一些沟通的方法常常能让产品经理的工作效率得到提升。

然而，笔者阅读了不少关于硬件产品经理相关的书籍和文章，这些资料几乎都侧重于产品的生命周期管理和基础技术知识体系的介绍，鲜有提升沟通能力的内容。但现实情况是：即使是满腹经纶有经天纬地之才，如果缺乏有效的沟通技巧，大概率也很难成为一个合格的产品经理。考虑到沟通是一个很宏大的命题，下文笔者根据实际工作经验浅谈一些工作上的沟通技巧。

5.3.1 让会议有效率

相信很多读者一定经历过这样的会议：会议开始了，只知道大概要做什么事情，但又没有明确的目标和议题，甚至每个参会人员的信息偏差都很大，乱哄哄你一言我一语，拖拖拉拉不知是该停还是该继续。又或者会议焦点的人员被所有人轮番轰炸（如 PRD 评审），因为准备不足或者信息沟通不到位而像个落汤鸡一样尴尬又无法主导会场秩序，以至于会议暂停。这其实都是非常失败的无效会议，既无有效输出，又浪费了所有人的宝贵工作时间。

那么，产品经理应该如何组织一场有效的会议？首先需要转变的就是以往人们常认为的“会议就是用来沟通的”这一思维认知。

换个角度来看，会议是产品经理用来确认需求或者解决问题的工具。对重要的会议，应知道的是：会议不是目的，会议是确认结果的形式，真正的会议结论早在会议开始前就已经在线下做足了功课，与相关部门 / 人员达成了初步的共识。这是一个非常重要的思维转变，会议的目的依旧是所有人讨论并输出结果，但会议的性质应该从带着未知和疑问参与沟通转变成带着预案去输出结果。

要做到这种转变并不困难，对产品经理而言，就是把每个部门 / 人员都当成自己的用户，在正式的会议之前先行了解每个用户的需求，尽可能地与用户充分交换信息和意见。有时一些需求可能会牵扯到多个部门，如若需要当面沟通就得组织一些议题明确、时间短暂的非正式会议。这些沟通意义重大，它直接解构了最终会议，将最终会议提前分成若干小议题，逐个输出，并将与会人员的意见尽可能地收集。假如会议沟通是在线上，那么可用的工具就很多了，比如，使用公司内部通信软件提前组织，并将相关文档发放给所有人提前预览。对特殊的人员（如老板），也可以以邮件的方式咨询他们的意见。总之，目的就是让相关人员越早知会、越早讨论，就越能沟通透彻，对会议的有效输出也就越有利。

非常重要的，甚至能直接决定会议走向和结论的是整个与会群体里能最终拍板的关键人物的态度。不同层面的会议，拍板者是会变化的，可能是老板、事业部负责人、部门负责人、产品 / 项目经理，甚至是普通研发人员，也就是说，关键人物可能是公司的任何人。但是，这些于产品经理而言都可以用同样一种方法对待，就是在最终会议前尽可能地将自己所拉通的信息与他们分享，如有必要还可提供多个解决方案供他们参考，甚至在沟通的过程中提前从他们那里获取一些重要的想法或意见，这对于保障会议有效输出而言是非常重要的。

在会议前一天一定要再次确认与会人员是否可参与会议，是否有变动安排，尤其是那些有能力影响会议结论的人。假如无法参会并且未输出指导意见，那么就应考虑是否需要推迟会议，重新预约时间。

此外，对普通员工而言，会议是向其他部门和领导 / 老板展示个人能力和形象的重要方式。通过会议输出工作内容是产品经理重要的工作，所以，具备推动有效率的会议或能尽可能影响会议向有效率的方向发展将对产品经理的工作和晋升都产生积极的影响。

以下是常见的会议指导理念，大家可自行学习，这里不再详述。

（1）会必议、议必决、决必行、行必果。

（2）开会 + 不落实=0，分配工作 + 不检查=0。

（3）凡是会议，必有准备；凡是会议，必有结果；凡是会议，必有追踪。

（4）1 小时会议原则（如非必要，会议时间应以 1 小时为限）。

5.3.2 尊重他人

很多人都会有这样一种体验，作为新入职人员被领导介绍自己时，如果领导说的是“这是我们部门新来的小伙子”自己就会觉得受到了轻视，会对新环境抱有警惕之心。如果领导对别人说“这是我们部门新入职的产品经理，产品经验丰富，能力十分突出”，则会感受到被尊重，对新环境好感倍增。同样被人介绍，介绍人不同的话术会导致被介绍者产生不一样的心境。

有次笔者负责与客户合作开发一个非常重要的机械臂 SDK 项目，负责主要研发工作的是一位刚入职的同事，他的压力很大，因为之前的工作偏纯软件开发，对机械臂实体并不了解。在分配工作的时候，笔者就观察到他困惑和担忧的表情，于是在分配工作之后，笔者找到他跟他说“吴工，从我的角度我来分析一下这个项目的性质，你看看我的理解对不对，虽然它是个 PC 端的 SDK，但本质上是否可以被理解为将咱们的机械臂本身就具备的功能接口通过通信的方式在 PC 端做拓展，类似把机器人本地接口 copy 到了上位机。这种思路下，机械臂的 SDK 与软件的 HAL 层概念有异曲同工之妙。吴工，我只是猜测这样，你从专业的角度帮我看看这样理解对不对”？然后，笔者就观察到他一改迷茫眼神，眼中透射着信心的光芒。这个项目最终得以提前完成，得到了客户的认可和老板的嘉奖。

给足别人“面子”其实就是尊重别人，也是约束自己不要踩踏他人来彰显自己。产品经理位处中台部门，对接的是不同部门和岗位的人员，与其他部门都是合作的关系，投桃报李，彼此的“面子”是相互的，融洽的合作关系是顺利开展业务的基础。

5.3.3 一罐可乐的价值

一罐可乐，售价3元人民币左右。

笔者有一年到荆州某项目现场出差，项目现场几十号人里面没有笔者熟识的同事，因此业务没法快速进入状态。笔者在园区里溜达一圈，给仓库门口聊天的几位同事一人带了一罐可乐，然后一边喝着可乐，一边跟他们聊在一起。后面，笔者通过这几位同事快速融入整个团体，掌握了推动业务所需要的信息，最后笔者离开时，大家还一起吃了个送别宴。再后来，在产品迭代优化的日常信息收集工作中，这些同事为笔者提供了很多有价值的现场需求反馈信息。同样，笔者也会及时反馈他们咨询的产品信息。

产品经理与研发工程师的关系常常会被描述成“水火不容”，其实并非如此。笔者与研发同事出差时有个习惯，就是见面前先在包里给同事带瓶矿泉水，接下来的合作总是能顺顺利利。如果加班走得晚，那就来罐红牛跟想要沟通的研发同事撞个杯，友情的火花就这么“碰”出来了。

作为一段新工作关系的开始，同事之间缺少的是互动的“介质”，人与人之间的关系是虚无缥缈的，所以这种介质应该是第三方的无害的实物，是看得见、摸得着，并且价格不高的，这样不至于给对方带来压力。无论是一罐可乐还是一瓶水，都是符合这种要求的理想介质。

分享一罐可乐并不是刻意去讨好别人，也并不代表贬低了自己的人格，更不是在行使贿赂。无论对方是否会接受这罐可乐，这么一罐可乐已经传递了足够的诚意，释放了沟通与合作的意向。这就像伸手不打笑脸人一样，谁会拒绝一份善意呢？所以一罐可乐，价值可以连城。

5.3.4 互助双赢

先看一个小故事，曾经有一位朋友向笔者咨询一个问题，可惜笔者也不能解惑。后来有一天，这位朋友发给笔者一个文件，正是那个问题的答案，朋友说这个问题他已经解决了，这是他整理的答案，希望笔者遇到类似问题的时候能得到帮助，笔者很是意外和惊喜。

因受到朋友的感动和启发，笔者在之后的工作中也运用了这种善于分享的理念，如下所示。

（1）有一次，笔者咨询了A、B、C、D以后，终于在E处得到了解答，于是笔者把解答内容整理后同步发给了A、B、C、D，希望他们以后遇到类似情况时可以参考。

（2）有一次，笔者收到A的疑问，但当时笔者也没有答案，后来笔者偶然获得了答案的时候就同步给了A。

A、B、C、D、E这些同事分散在各个部门，笔者认为信息同步跟礼尚往来是一个道理，只要平时多些信息互动、打好群众基础，当需要帮助时身边的"群众"就能更多和更快地响应，也能更快速地提供有价值的信息。在人们没有预期、没有期望的时候，给予最中肯的"礼物"，这种"礼尚往来"实际上就是给工作相关的人群提供了正向的情绪价值，传播的是积极向上的态度。

5.4 高频沟通岗位的职业画像

产品经理需要对接的不同岗位角色很多，但总的来说，产品经理同研发、售前、销售及老板的沟通频率是最高的，下文主要从产品经理岗位的角度来描述其他部门/岗位的职业画像及相应的沟通技巧。

5.4.1 研发工程师

笔者是从研发工程师转型到产品经理的，对研发工程师的特质比较了解。概括来说，跟研发工程师沟通时的注意点如下。

（1）尊重研发工程师的技术人格。

（2）理解研发工程师的过程思维。

（3）产品经理的自知自觉。

研发工程师是最通情达理也最"顽固不灵"的人。如果是聊技术、聊原理、聊实现，研发工程师是非常积极踊跃的；但如果是追加新功能或者怀疑技术实现有问题，那大概率是不能好好沟通了。研发工程师希望自己的技术被尊重和被理解，会因很小的技术实现而满怀成就感，这时候如果有人夸他们一句“优秀”，他们会喜上眉梢；也会因他人的怀疑而心生敏感，如被人冷酷地指出bug，他们会面色尴尬而眉头紧锁。也正因为研发工程师的主要工作就是面向不会人情世故的“技术”，因此他们办公室政治嗅觉相对迟钝，与人沟通的过程也更加简单和“粗暴”。

1. 尊重研发工程师的技术人格

要多使用尊重研发工程师技术人格的沟通方式，可以借鉴下面的沟通示例。

（1）“吴工，最近我在思考一个有意思的功能，没想太明白，我想听听吴工更加专业的分析结果。”

（2）“吴工，这个功能的确是有些麻烦，你从技术的角度合理评估一下，既不影响功能的实现，又能按时交付需要多少时间？有需要我协调资源的我来沟通。”

（3）在研发工程师解决掉一个bug时，可以竖个大拇指然后赞叹“吴工666哇”。

想挑战研发工程师的技术型人格，给自己工作添堵的话可以参考以下话术。

（1）“吴工，这个功能很简单，网上找点代码抄抄就搞定了。”

（2）“吴工，这个功能没那么难吧，不行我找牛工帮你看看卡在哪里了？”

把尊重研发工程师的技术人格的沟通过程类比成捋刺猬，那么顺着刺捋，刺猬的刺就会平顺而不扎手；但如果逆着捋刺猬那么就会“满手疮痍”。

2. 理解研发工程师的过程思维

研发工程师的思维是偏向实现过程的，这是由于研发工程师工作属性形成的职业惯性，而这种视角恰好与产品经理以功能、场景为导向的面向对象思维相冲突。

来看看研发和产品互不理解的私下吐槽。

研发工程师：“那××（产品经理的名字）脑子有病吧，这功能挺好的，还要加啥乱七八糟的东西，搞得系统都不稳定了。”

产品工程师：“做不出来就做不出来，还那么多理由，下回让他直面客户的怒火去。”

可以参考的产品经理引导研发工程师达成的统一目标案例（说服研发工程师使用明确的灯光表示明确的状态）：

研发工程师：“我觉得这个灯光闪烁2Hz表示功能暂停，闪烁5Hz表示功能故障，闪烁10Hz表示状态正常的提示功能挺清晰的呀，客户不可能分不清状态吧？”

产品工程师：“咱换个话题聊聊吧，比如咱们想买个遥控小车，结果灯光一通闪，然后看说明书里是不同闪烁频率代表不同状态，你说咱要不要瞪着眼睛掐着秒表算频率？从用户的角度，如果让他动这么多脑子，那他会不会买这个遥控玩具？”

研发工程师的岗位属性就是注重细节和执行，他们每一行代码都需要符合程序逻辑自洽、每一个机械零件都要求符合公差范围且物理空间不干涉、每一个电阻电容电感都要符合整个 PCBA 的设计。所以，研发工程师眼中看到的往往不是一个完整的产品，而是一个拆解后的与自身工作强相关的若干功能，这就容易导致他们陷入技术实现的逻辑正确中，而忽略了整个产品的功能效果。

3. 产品经理的自知自觉

在与研发工程师沟通时，有一个比较重要的认知来自产品经理本身。大多数硬件产品经理具备工科背景或者由研发岗转型而来，气质里面自带技术情怀，在与研发工程师沟通技术需求的时候，这些硬件产品经理往往会不自觉地把自己代入研发工程师角色中，甚至还会深入地沟通技术实现细节。

当然，沟通技术可能可以给研发工程师启发灵感，但产品经理千万不要自以为是地评论需求的技术可实现性，更不要把自己的思想和实现方式强加给研发工程师。因为产品经理既不是研发工程师的领导，也不属于研发部门，更不知道技术架构全貌和技术路线，所以妄语勿言，否则这都极容易触发研发工程师的技术人格自我保护意识，不利于沟通和团结。关于产品经理的“妄语”可见下面的对话冲突。

产品经理：“这个 Demo 功能都‘跑’得挺好的，咋优化发布还要 2 个月呢？半个月足够了。”

研发工程师：“开玩笑，我做不了，‘跑’测试都要这个数了。”

观棋不语真君子，如果研发工程师没有积极寻求技术讨论，那就不要讨论技术，只沟通需求。除非特殊情况需要，否则千万不要“炫技”，惹人厌的“炫技”结果就是让研发工程师内心独白“既然你这么厉害，那你自己上好了”。所以，产品经理的技术素养应该用在需求判断、工时评估、风险把控上，即做好一个“发作业”和“批作业”的角色，而不是投入到“写作业”中。

5.4.2 销售与售前

产品经理与销售的沟通是挺频繁的，并且产品经理有相当一部分需求是从销售传导到中台产品部门的。销售以业绩为驱动，所以可能会承诺用户不少超出产品性能边界的要求；而产品经理则需要以安全和稳定为前提，这两者的职业属性往往是冲突的。

一般来说，销售主要是跟售前对接，而售前与产品经理的沟通比较紧密（不同公司可能业务划分会有不同）。但实际上，不少销售会绕过售前直接联系产品经理。协助销售获取订单是产品经理的义务，不过解答销售疑问的时候，产品经理要采用合理的沟通方式。比如，一种可行的方式可以是：通过邮件的方式回答销售的问题，并同时抄送并提醒应对接的售前关注此类问题。这个邮件传达的意思很明确，既积极响应了销售的问题，又告知了销售和售前（无论响应的售前对此事是否知晓）应找正确的对接人。

当然，还有一种相对强硬的做法就是直接明确地告知销售应先行咨询对接的售前，如果售前也不清楚，那么可以让售前来找自己对接。这种方式看似粗暴不近人情，但也符合流程（常规如此，不同公司可能不一样）要求，最主要的一点是产品经理可以通过这样的流程来保护自己，避免与销售和售前产生不必要的权责问题。这种权责问题可以参考案例：某销售明知产品不适应某场景，为了避免售前评估时卡掉这个项目，该销售会绕过售前与产品经理直接沟通，但该销售会刻意制造不对称信息，误导产品经理做出不合适的判断，然后再与售前沟通时，可能就会断章取义地说产品经理 ×× 认为产品力满足用户场景，如果售前没有警觉也没有与产品经理再次确认该信息，那么项目一旦开展，风险就会非常高。

产品经理与售前的沟通非常密切。对内，售前需要产品经理解答疑难问题和赋能产品培训；对外，产品经理需要从售前获取产品使用反馈、产品优化意见、用户场景分析甚至是竞品情况摸底（有些用户现场有竞品，另外，售前也可以从销售端获取竞品信息，毕竟行业内的人员流动是常态）。与售前沟通其实不需要太多的技巧，就事论事把产品能力沟通清楚，提前预警场景适应性风险即可。

另外，与销售和售前的沟通中，笔者建议产品经理要做好信息收集工作，做好日常对接的问题的归类梳理，并完善各问题对应的回答或解决方案。日积月累，这个信息库将价值巨大，既是销售和售前培训的素材，又是产品优化迭代的方向，甚至还可能是发现新市场、催生新产品的依据和源头。

5.4.3 关于老板

这里对老板的定义有两种来源，一种就是公司的老板，另一种是大部门的领导（比如总监、总经理之类的公司高级管理人员）。直属领导虽然也是产品经理的上级，但一般他们会深入参与产品经理的具体工作事务中，对产品经理的工作情况比较了解，所以产品经理与他们的沟通方式有所不同，这里不将之归在老板一类。

公司可能不止一个老板，每个老板的工作背景及肩负的企业职能分工也各不相同，因此每家公司的产品经理面对不同老板时的工作方式也自然有所不同。比如，有些老板偏重于营销和市场，这类老板更加关注产品的市场前景、销售份额等方面，那么产品经理跟这类老板进行工作沟通的时候就要额外加强对产品市场竞争力和营收能力的阐述。有些老板侧重于研发，这类老板对产品的技术实现形式、研发管理、可生产制造性方面有着更多的要求和关注点，那么产品经理就要在产品路线、技术复用性、可实现能力上为老板提供更多的信息，以便老板基于技术的考量给予产品需求或产品项目上更优的策略指导。

面对侧重面不同的老板，在具体的操作上产品经理需要关注以下三点。

1. 具象化——有文本 / 图像 / 视频信息载体

信息的传递是有损耗的，即使 A 与 B 面对面沟通也常会有信息不对称的现象。老板往往日理万机，对员工的具体事务性工作很难了解到非常细致的程度，他们评价工作的准则一般是 OKR，侧重结果。那么产品经理输出给老板的信息就要具备总结归纳的性质，并且要有概括性的信息载体以满足老板对信息的直观输入、快速理解和随时复盘的需要。

具体的信息载体可以是文字、图像、视频，目的只有一个：为老板过滤掉产品需求的调研、对比、概念提取、产品化思考和规划等事务性工作，而输出的则是产品需求行还是不行，还是风险与机遇并存，给老板呈现的是决策上的可选项而不是需要老板照单全收的信息。否则，若老板一看长篇大论直接头疼，那么他们可能根本不会看具体内容，而是逮着下属就是一顿情绪输出。这样的情况如果反复发生几次，不谈升职加薪，产品经理的绩效和工作能不能保住都是个问题。

将抽象的问题具象化也是个好办法，让老板看一眼就懂，一眼就能知道产品需求，一眼就能“get 到”产品经理对需求 / 工作的意见和态度是最好的。推而广之，跟其他部门 / 同事的沟通也是一样，对个体而言，每个人对自己的业务都很熟悉，但基本不了解他人、不知情，言语沟通往往就会入耳即出、随风即散。

2. 考虑周全

考虑周全，也就是对关键性指标、风险项，产品经理要有足够的认知和预案，要经得住老板一而再再而三的追问。一鸣惊人、二鸣哑火，换作谁是老板或评审员也会觉得产品经理对这个需求、这件事并没有进行深入了解和思考，这个需求或汇报内容是经不起推敲的。转而老板会由事及人，认为产品经理的工作没有深入思考，没有发挥个人的主观能动性，工作态度不积极。

那么，有没有比较适用的方法或思路能帮助产品经理考虑得更加周全？毛泽东同志其实早就给出了思路：主要矛盾和次要矛盾。

就以 AMR 的核心规格参数来说：为什么其载重需求是 600kg？

（1）主要矛盾，产品适用的目标场景需要这个量级的载重，这是立足实际应用场景产生的要求。

（2）次要矛盾，友商（竞品）在这一类载重机型上的竞争力有短板，这是立足用户实际使用产品时的对比角度。

（3）次要矛盾，针对这类机器人，本公司已经有更大载重机型的成熟技术积累，这是结合本公司已有的框架平台，可以减少的技术风险。

此外，还可以从重要客户商务合作、供应链渠道、政策支持等方面考虑。看到这里，是不是也看到了 SWOT 分析的影子？当然，这里使用 SWOT 分析法也一样适用，可见这些分析问题的方法实际殊途同归，站在不同的角度看待问题才能考虑得更全面、有理有据，也更能获取老板这一决策者的理解和支持。

3. 知道实操和细节

一个产品能创造市场价值的前提是这个产品能落地。能落地，一切好谈；不能落地，谈也白谈。看得见的可能就是几页 PPT，那些看不见的方方面面则是细节和实操，而往往就是这些细节和实操会给产品带来重大影响，甚至会导致产品无法落地。老板最怕的就是飘着的需求无法落地。

有过面试经验的候选人和面试官应该都经历过下面的心路历程。

面试官：“这兄弟行不行啊，简历上写得挺像那么回事，实际怎么样，别是包装骗我的吧？不行，得好好问问，多推敲推敲，肚子里有没有真材实料，几个回合下来一试便知。”

候选人：“面试官问得好细啊，尤其是让我把某个项目细细说一遍的时候压力巨大，从需求导入到信息流转，信息对齐，项目进度管理，疑难问题处理等方面都细细追问，如若不是深度参与过这些项目、熟知这些零零碎碎，恐怕今天就要栽在这里了。”

面试官面试候选人其实就是通过一系列的问题淘汰掉滥竽充数的投机分子，甄选出表现满足预期的候选人；候选人参加面试本身就是推销自己，简历和面对面的沟通就是自己的信息输出，像极了拿着需求和项目向老板推销的产品经理。站在老板的角度上，就是在甄别下属的汇报是否科学、是否全面，所提的需求是否具备可行性，毕竟投进去的可都是真金白银。

笔者也听到过不少这样的论调：“产品经理就是个提需求的，提需求嘛，谁不会提？”

这句话翻译过来就是：提问题谁都会提，但只是提问题，解决不了问题“啥也不是”。之所以会有这样的质疑和轻视，本质上就是认为产品经理没能以理服人，没有以可行性服人。当产品经理在提出一个需求时，已经把业务流程图、对应的研发部门、已有的技术储备、当前的生产能力适配性、现有的产品布局等都能连成一片的时候，老板自然会认为这位产品经理不仅是个会提创意的人，还是个有规划、有计划的产品管理专家。

6

硬件产品经理实战分享

本章将以笔者参加过的一个外联合作项目为例，分享智能硬件产品经理对接和提炼需求、把控项目风险、灵活地“攘外并且安内”的方法和技巧。内容可能有些复杂，但笔者相信有过类似经历的读者一定会产生共鸣，同时本章也能为即将加入产品经理这一行的“产品小白”提供参考。

1. 项目背景

A 公司之前购置的是业内知名品牌的产品，东西好用，但由于成本太高，故而他们决心寻求国产替代。笔者公司交付的是定制化的产品和配套的 SDK，但由于笔者公司并没有 SDK 的开发积累，故而主要的工作量在 SDK 的研发上。而笔者则作为产品经理全权负责本项目。

2. 场景实地考察

为了更加了解场景和需求，笔者带着项目组成员先后两次拜访客户，在客户研发实验室仔细记录客户的使用场景，以及客户基于知名品牌平台二次集成的服务内容、知名品牌产品在该场景下的优势和瓶颈，这些既是潜在的需求来源，又是更多关于竞品的场景适应优缺点，也是笔者公司产品发挥优势、取长补短的信息输入。虽然产品经理只需将需求定义输出给开发部门成员即可，但是在有条件的情况下，一定要让实际开发部门的成员也参与客户现场需求采集活动中。千万不要小看项目组成员的实地考察，看得见、摸得着、将抽象的需求具象化能让参与者对最终的实现结果有预期、有感知，这样才能在开发的过程中让开发成员依靠潜意识规避许多误区。

两次拜访的目的就是要搞清楚前期项目评估并做好需求对接，趁热打铁，每次结束前双方人员开个会，而对需求的理解、对场景的疑问、技术的实现、竞品调试的过程都可以作为沟通的话题。

3. 摸清人物关系

公司A的对接窗口是B，其人三十不到，但是性格很强势，总给人一副咄咄逼人的样子，况且其身份还是甲方，所以对接的过程可以预见会有些摩擦。公司A的技术负责人是研发组的组长C，和笔者年纪差不多，一聊老家都离得不远，加上笔者有过硬的地理知识，用赞叹组长老家的物产很有名气打开了话题，一来二去这就扯上了“半个老乡”的关系。

在项目实施阶段，每次对外的沟通结果笔者一定要跟自己部门领导及研发总监汇报，这种重要的涉外信息一定要在公司内部做到公开透明，且领导们往往比普通员工掌握更多的背景信息，可以规避风险和提出更好的建议。

4. 明确需求内容和交付形式

前期的技术沟通告一段落后就是需求确定和沟通。由于客户已经基于知名品牌的产品实现了系统的集成，因此，以客户输出需求为主，笔者公司辅助提炼定制化需求。最初，对接人B提供的需求文档中每一条需求几乎都只有寥寥几句文字描述，根本没有对和SDK相关的API接口的具体要求。举其中一个描述案例：“具备I/O状态的设置和读取”，就以该案例的IO状态读取API的通道参数来说，是单通道读取还是连续多通道读取？抑或是可以任意指定多个通道读取？这完全就是3个API接口。这种没有边界没有具体函数定义的文字对乙方而言不仅是需求定义不清晰的问题，一旦写入商务技术合同，A公司就可以依据合同合理地让乙方不停地按照他们的要求更改该需求的API，这是灾难。

经过双方的电话会议，需求更进一步地被明确了，但是B仍然坚持认为需求已经描述清楚。既然如此，为了不给自己和公司日后留下隐患，笔者和开发团队成员根据需求描述并参考组长C给出的建议，细化出了具体的SDK要求及各需求对应的API接口。这里一定要咨询技术人员的意见，产品经理对产品的功能也许理解得比较透彻，但研发人员对实现方式更了解，组长C对API的定义格式尤其清楚（毕竟他们之前已经在知名品牌产品上实现过）。详细的技术文件被制定之后，其被以邮件的方式发送给B、组长C、公司A的项目总负责人及笔者公司的相关人员，文件中明确说明笔者公司将严格按照此文档执行开发任务，若公司 A 有修订建议可及时沟通。后来这份开发文档内容被写进了技术协议合同，而没有明确开发边界的项目风险也最终得到把控。

5. 项目计划制订

制订项目开发计划的时候，笔者根据客户需求的重要紧急程度分了高低优先级，并与客户 A 达成一致，按照优先级顺序开发，力求先解决客户的卡点问题，并分多期快速迭代交付。

6. 问题可追溯

这里要敲黑板！项目一定要有文档记录，比如，用 Excel 表格分需求记录、发版记录、问题记录、风险项等按照时间记录详细项目信息。这个文档对乙方来说非常重要，因为这既是项目过程把控性文件，也是一种非常重要的自我保护手段，无论何时，只要有质疑的声音出现，这个文档一打开声音几乎就会消失。

7. 攘外必先安内

在项目开始的时候，B 几乎不跟笔者直接对接，而是私下跟公司项目组的研发人员沟通，而项目组成员毕竟不知道项目全貌，也就有一说一了，导致 B 获取到了笔者公司的整体研发资源情况。然后，B 在沟通群里向笔者公司施压，以至于影响到笔者公司其他业务的开展，工作一度很被动。接下来，笔者与项目组成员开会，明确告知 B 如果还有私下沟通的情况，一律让她来找笔者，跟笔者对接，每个人要专注自己的核心业务，否则被老板打板子就得不偿失了。对一些重点的项目组成员，笔者也会重点沟通。后面基本就断绝了 B 刺探笔者公司军情的可能。

发布第二个版本产品的时候是晚上 11 点，B 在聊天群里疯狂“@”项目组成员，说是爆出的几个问题已经严重影响到他们的开发进度了，并强烈要求笔者公司第二天去现场排查问题。为了良好的客情关系，公司决定派笔者协助开发人员第二天赶往现场处理问题。第二天，笔者与开发部门同事沟通确认，一会儿到了现场对外的工作都交给笔者，一切听笔者安排，他只管专心排查问题，计划今天一天就处理这个事，不要有心理压力，假如遇到风险项及时跟笔者沟通，笔者来处理。果然，一见面 B 就絮叨起来，意思是拜托笔者公司发布前要自己先测试一遍。发包前笔者公司一定是测试通过的，但这个时候也不用纠结 B 的言语，立即着手处理问题就行了。

稍后组长 C 告诉笔者，有个问题他们已经解决了，是他们的电气接线做了错误的变更导致的。后来排查之后发现笔者公司也确实有问题，原因是两家公司使用的开发库版本不一样，没有做兼容。但前一天晚上群里爆的最严重的问题反而是那个错误接线导致的问题。这个事情不需要反驳，也不需要声张，当这个问题没有存在过就可以了。

事后，为了方便反馈和沟通问题，笔者公司与 A 公司约定每周进行一次项目沟通会，同步双方信息并逐条整理汇总本次的问题排查结果（当然包括错误接线），以邮件的方式通知双方相关人员，同时也将之记录到项目管理文档中。

8. 总结反思，提高效率

由于软件持续迭代及笔者公司的测试环境与 A 公司的使用环境存在差别，在前期的合作过程中经常出现版本迭代不兼容的情况，只能由笔者带队去客户现场解决问题，验证和修改问题之后再重新发版，费时费力。为了有效提高双方的合作效率，笔者提出：根据版本新迭代的 SDK/API 开发情况，一些必要的、需要真实场景测试的版本在发布前，双方约定好笔者公司到甲方现场的测试时间，现场测试验证之后再行发版。执行这个方式之后，笔者公司版本发布成功率及双方的合作效率都得到了明显提高。

9. 大道至简

B 有时会在群里针对一些缺陷项搞出很大的动作，比如，他会用到“严重阻塞”“严重影响”“赶紧处理”等词汇，甚至还会发邮件并抄送给双方领导。这架势大有黑云压城之势，不过这种情况背后就 3 个逻辑。

（1）对方内部研发交付压力大，并且也不是笔者公司阻碍他们的进度，对方只是想通过这种方式转移矛盾，俗称“甩锅”。

（2）确实是笔者公司有问题且对甲方造成了影响。

（3）故意搞事。

无论面对对方哪种逻辑，笔者这边均是用最积极的态度响应并用最快的速度解决问题，尽可能地将压力停留在笔者这里的时间缩短。待解决问题后，无论客户现场的真实紧急程度如何都实事求是地向领导和研发总监汇报工作，并做好项目过程记录。笔者不止一次地遇到过自己及时解决问题后，过了两天咨询组长 C 关于后续的测试情况，回答都是项目组在忙别的活儿，还没使用新发布的 SDK/API 包。

由于是合作开发项目，版本迭代很快，并且A公司也持续地在出货，所以软件版本的管理是个重要的风险项。因为预测到客户可能会遇到版本迭代引发的混乱问题，所以笔者要求研发每次发版都做好发版修订记录并同步给A公司。同时笔者也会把项目管理记录文档的问题记录项同步给对方。但即便如此群里也很热闹，同样的问题经常会多次报出来，实际上排查下来也的确是处理过的相同问题。出现多次上报的原因在于A公司内部软件版本把控混乱及内部的信息沟通存在障碍，导致对接人、开发工程师、测试工程师及现场运维人员之间的信息不一致。当然，笔者不能把我司宝贵的研发资源拿来给甲方做运维，方法也简单，就是实事求是发邮件、把处理过程描述清楚，抄送邮件给双方相关负责人，用以让他们知晓项目情况及变化，同时倡议双方信息归口强化至双方对接人，以利于项目的管理及风险的把控。

10. 需求变更管理

在对外合作的项目中，开发的过程中客户提出或变更需求是大概率事件。例如，B在群里“嚷嚷”，说他们遇到了一个棘手的问题，而笔者公司的SDK包不能满足他们的需要，需要笔者公司赶紧解决问题。经分析，这是个超出技术协议的需求，因为商务端还没有传递过来指令，所以笔者一方不能对外说“做”还是“不做”。接下来，笔者先跟项目组沟通，询问假如响应需求需要占用己方多少资源、对公司其他业务的影响有哪些，然后带着提前准备的内容找领导反馈这个超出技术协议的需求，询问应该怎样处理。正常情况下，领导首先会问笔者是什么意见，这时之前做的功课就体现作用了，分析完利弊之后，就可以交给商务端由他们沟通，由公司做决定。第二天，公司高层给出指示——响应该需求。

11. 警惕沟通风险

研发工程师往往更加关注具体的技术实现，因此可能对项目整体信息知之有限，对与外部交流时需要具备的一些自我保护意识也可能存在不足，所以作为对外的负责人，产品经理要注意保护己方的研发工程师。有次群里又爆发了“重大的，严重的”的问题，B在群里直接“@”实际的开发工程师，要求赶紧到甲方实验室解决问题。正巧笔者在跟老板开会，手机静音没接到开发工程师的电话，也不知道群里消息已经爆炸。在结束会议之后笔者才发现开发工程师竟然自己答应去A公司处理问题。听闻此事，笔者赶紧去找开发工程师，在他已经在收拾装备准备出发时拦下他。他说："刚才销售 ×× 工也打电话给我，说这是个非常重要的客户，我们要积极处理问题，他也一起去，处理完问题后晚上一起跟客户吃个饭。"笔者赶紧要求他先停下，自己来沟通看看能不能先远程处理，如果远程解决不了问题再一起去客户现场。跟对方沟通后工程师远程介入，结果，两分钟不到就解决了问题。事后笔者跟研发工程师聊天，表示今天这事很不合理，一定要研发工程师考虑在工作的时候保护好自己，解决问题的心情可以理解，但容易犯错误。

（1）对方没有权限直接调度笔者公司的人员，这样去没立场。

（2）无论是笔者还是研发工程师的直属领导或研发总监都没有下达去现场解决问题的指令，笔者倒还好，研发工程师的直属领导那里说不过去。

（3）销售部门的工作方式有问题，他们没有权限直接调度研发部门的资源，直接答应去没立场。

（4）如果研发工程师参加了晚上的饭局，客户问某些功能能不能实现、一些技术问题怎样处理，假如研发工程师没意识到风险而实话实说了，那么后面的工作被动不说，他很可能就泄露了公司机密。

12. 动态调整项目计划

最后，再谈谈动态把控项目计划的话题。笔者认为，产品经理永远不要去问客户的需求紧不紧急，问，答案就一定是紧急，恨不能要求立马交付才好。事实上换位思考，多数人也会是这样的想法，毕竟，有这个功能不用，胜过用的时候才发现少这个功能。

首先产品经理要对客户需求的真实紧急程度有所判断，比如，与 A 公司合作前期，框架性的需求一定是紧急的，但产品经理也要给自己留些风险缓冲，假如需要 5 天交付，产品经理要按照 4 天交付的标准执行。

交付时间没有绝对的标准，与客户沟通，只要客户认可了那就是合理的。否则，把自己及项目团队逼得太死不是个好事情，可以 7 天完成的，自己非要承诺 5 天完成交付，一旦有意外发生，即使只延期 1 天都是违约的。

到了项目合作的后期，当产品的基本的功能都已经实现后，剩下要处理的就是优先级比较低的需求及要修复的缺陷，属于锦上添花的工作。这时候可以合并多个问题一起发版，版本迭代的次数可以放缓，以便更加全面细致地进行测试工作。

动态调整项目计划、合理把控交付时间是有必要的，对外宣称 7 天交付，实际内部以 5 天开发完成为目标，这是产品经理为团队争取的福利，也是团队成员与产品经理合作的默契。也正因此，项目组最终才能如期按质按量完成项目，确保项目不会因种种意外而延期，得到己方和甲方的一致肯定。

附　　录

附录一　BRD 模板

商业需求文档

密级	企业机密二级	版本号	1.0
文档类属	BRD	文档状态	草稿 / 发布
文档修订记录			
版本	修订日期	修订人	修订内容
1.0	2023-07-15	×××	×××

1　文档基本信息

1.1　可见范围

限定具备阅读该文档权限的部门及个人

1.2　参考文献

正文描述

1.3　缩写和简称

缩写和简称	描述	备注
BRD	business requirement document	

2 产品背景

2.1 用户痛点

要解决的是什么问题

2.2 市场分析

当前市场情况

“玩家”现状及目前存在的问题

3 解决方案

3.1 产品定位

产品能满足用户什么需求 / 期望

产品区别于竞争对手的与众不同的优势

3.2 功能概要

一般以图表的形式展现产品的功能

4 产品规划

4.1 产品架构

形态：软件？硬件？整机？部件？系统级？模块级？

架构图、业务流程图

4.2 业务模式

B 端？ C 端？

4.3 市场切入点

产品开发计划

产品以何种方式推向市场，实现落地

5 收益与成本

5.1 收益预估

市场份额增长、用户价值

成本缩减、效率提升

对已有产品的赋能

量化、显性、可预见

5.2 定价策略

方案一，按照成本，毛利定价

方案二，参考竞品定价

方案三，需求导向定价

5.3 成本预估

运营成本，销售成本

样机成本，项目人力成本

6 风险与对策

6.1 项目风险

政策、行业、法律、资金、市场、技术等风险

6.2 对策

当风险存在时，转移、规避、缓解

7 总结

附件

一般是独立体系文件或引用的图表

附录二 MRD 模板

市场需求文档

密级	企业机密二级	版本号	1.0
文档类属	MRD	文档状态	草稿 / 发布
文档修订记录			
版本	修订日期	修订人	修订内容
1.0	2023-07-15	×××	×××

1 文档基本信息

1.1 可见范围

限定具备阅读该文档权限的部门及个人

1.2 参考文献

正文描述

1.3 缩写和简称

缩写和简称	描述	备注
MRD	market requirement document	

2 细分目标市场

目标市场的特点

整体规模、发展趋势、发展潜力

3 目标用户分析

目标用户群体

分析用户及其使用场景，获取用户真实需求

4 竞品分析

明确竞品对象、分析竞品的目标用户、市场份额、技术特点

系统架构、业务流程、人机交互

差异化定位

5 产品指标定义

一般以图表的形式展现产品的指标定义

6 收益与成本

6.1 定价策略

方案一，按照成本，毛利定价

方案二，参考竞品定价

方案三，需求导向定价

6.2 成本预估

运营成本，销售成本

样机成本，项目人力成本

附录三 PRD 模板

产品需求文档

密级	企业机密一级	版本号	1.0
文档类属	PRD	文档状态	草稿 / 发布
文档修订记录			
版本	修订日期	修订人	修订内容
1.0	2023-07-15	×××	×××

1 文档基本信息

1.1 可见范围

限定具备阅读该文档权限的部门及个人

1.2 参考文献

正文描述

1.3 缩写和简称

缩写和简称	描述	备注
PRD	product requirement document	

2 概述

2.1 市场概述

目标市场的特点

整体规模、发展趋势、发展潜力

2.2 解决方案及预期收益

解决方案及预期收益，收益可为市场、技术、生态搭建等

2.3 产品路线

产品定位

优化迭代类型的产品要说明降本增效、性能增强、存量、增量等

2.4 项目风险

政策、行业、法律、资金、市场、技术等风险

3 产品设计约束及策略

应当遵守的标准或规范，包含电气、软件、结构、人机交互等

4 产品设计目标与验收目标

4.1 设计目标

产品设计的指导思想，非需求性质，一般是该类产品线整体方向相关

比如：硬件部件模块化、完整产品的安全性、人机交互等

4.2 验收目标

时效，按时按需开发；成本验收

功能验收、性能验收、报告验收

5 产品定义

5.1 产品框架

产品功能架构图、业务流程图

概念说明、关系说明

5.2 功能需求

/* 该处的处理一般比较麻烦，硬件要求与软件要求往往要相互配合。梳理时很难从文字上判断清楚，可参考以下思路

*1，从完整产品的角度提出该智能硬件须具备的功能

*2，这些功能以最终表现形式进行分类：运动控制、网络通信、人机交互、异常处理、系统维护、安全保护等

*3，对已有产品线具备的功能完全沿用

*4，对已有产品线具备的功能差异化实现

*5，全新功能

*/

5.2.1 功能沿用

对已有产品线具备的功能沿用

5.2.2 差异化功能

对已有产品线具备功能的差异化实现

约束性条件 / 范围

5.2.3 全新功能

全新功能

约束性条件 / 范围

5.3 性能参数

用表格的方式表现性能要求

约束性条件 / 范围

5.4 软件原型图

软件功能描述、约束性条件 / 范围

软件功能流程图

软件功能用例

5.5 外观要求

外观标识（安全标识、指示性说明、认证及测试标识）要求

外观要求，造型、材质、表面处理

6 其他要求

包装要求

运输要求

存储要求

附录四 从嵌入式软件工程师到智能硬件产品经理

话说隔行如隔山，在笔者从嵌入式软件工程师转型智能硬件产品经理的过程中，虽然也经历过一段转型阵痛期，但总的来说过程还是顺利的。之所以没有出现“隔行如隔山”的情况，笔者总结了以下关于转型的要素。

1. 前辈领路的机遇

笔者是比较幸运的，在转行的过程中遇到了一位能够为笔者提供转岗的平台和机会的前辈。

网络上对程序员的刻板印象一般是这样的：木讷、偏激、不善言辞、不苟言笑。这些印象反映在产品经理的能力上就是欠缺沟通能力和变通能力，另外，市场对社招人才的需求偏向于入职即用，这就导致已经资深的研发岗转产品经理岗如果不在薪酬上做出让步的话往往难以获得用人公司的认可。

幸运的是笔者有前辈的引荐，自身也有技术功底、沟通能力以及产品思维的加持，所以才能顺利转岗。引路人固然是重要的，但这份机遇也是可遇不可求的，大多数产品经理都没有这样的运气，那么有没有其他途径能转岗产品经理呢？可以参考以下思路。

（1）如果有转岗的想法，就要提前做好学习计划，涉猎相关资料，尤其要从思想上做出转变，并在接下来的时间里要求自己从产品的角度思考问题、尝试用产品经理的工作方法去沟通。有个理论就是，想做成一件自己不熟悉的事，首先要做到“形似它”，到时机成熟时再尝试转型。

（2）抓住公司内部转岗的机会。公司内部也设有产品岗的，可以通过内部转岗的方式实现，这种方式相对安全友好，成功率也高。

（3）降低薪资期望。若是通过社招的方式转岗，且转岗前薪资较高，则可以适当降低薪资期望以匹配新的职业能力。当然这种方式需要应聘者自己做好心理准备，以应对这种薪资落差变化。

（4）参加社会上的智能硬件产品经理培训课程。不过市面上绝大多数课程都是针对互联网产品经理的，鲜有面向硬件产品经理的培训。

当然，师傅领进门，修行在个人，有了引路人只能说是半只脚入了门。无论是有人相助还是通过其他途径转岗，产品经理接下来面对的将是更多产品思维的转变、沟通方式的转变、更广泛的知识技能，要靠自己不断地复盘、反思和学习才能掌握。

2. 思想的转变

关于思想的转变，嵌入式软件工程师和产品经理是不同的。

例如，AMR 上的 RGB 灯带，在嵌入式软件工程师眼中，一条 RGB 灯带有若干灯珠，每个灯珠对应一颗控制芯片，每种颜色由 3 个字节的三基色参数控制，因此可以先考虑用串行外设接口（serial peripheral interface，SPI）的方式看看波特率能不能满足，不行就用定时器通道输出；智能硬件产品经理眼中，灯带要定义在既能满足功能又美观的地方，考虑要用灯带不同的颜色和动作形态来表示机器人不同的状态，灯带颜色既要不失真又要寿命可靠，最好还要成本低。

笔者是嵌入式软件工程师，还是产品经理，处在不同岗位的角色对同一个产品功能的认知是不一样的。从这个小示例中可以看到，研发工程师偏向的是面向实现过程的思维，考虑的是 RGB 的控制原理和技术实现过程；产品经理则是以功能、场景为导向的面向用户思维，考虑的是 RGB 灯带配合整机呈现的是什么样的效果，在不同的场景下能否满足用户的需求。

从研发思维转变为产品思维，在前期的转型脱敏期间，笔者使用了代入用户角色的方法来压制研发思维并发散产品思维，把自己代入为使用机器人的用户，从用户的视角出发来看机器人的 RGB 灯光功能，考虑应该有什么样的显示效果才能清晰明了地传达出机器人的状态。另外，在与研发工程师沟通的过程中，产品经理一定要忍住自己参与讨论的冲动，要把自己当成一个小白来对待。等到自己已经适应了产品经理的工作方式和节奏后，技术功底就可以被用来为产品经理的事业添砖加瓦了。

3. 点亮技能树

手中有粮，心中不慌。自身综合实力的强大，带来的是从容的工作心态。

互联网产品经理与硬件产品经理一个很大的不同就是前者注重的是业务逻辑和产品体验，而后者则在此基础上对人本身的技术背景、管理能力等有更高的要求。

当然，转岗前的研发背景只是产品经理需要掌握的知识技能中的一部分，硬件产品经理对软件、电气、结构、工艺、销售、项目管理等方面不仅都要涉猎，还要具备一定的深度。否则，在定义产品功能的时候就可能既无法更加客观全面地考虑所有方面，也无法使用充分有效的证据来面对合作部门的质疑，在日常的产品维护中也可能无法顺畅地拉通研发、生产、运营及销售端各岗位的同事。好在笔者本身是机械自动化专业出身，又有嵌入式软件开发背景，手中的“粮”也更充足些。但即便如此，笔者也经历过在PRD评审会上被不同部门从不同的角度“围剿”的尴尬场面。

要想尽可能多地“点亮”自己的“技能树”，可参考的资料很多，各种书籍、视频资料汗牛充栋。但是纸上得来终觉浅，须知此事要躬行，理论一定要结合业务亲自实践，机械和电气知识可以从工厂拆机或装配中学习，软件知识则需要多跟调试工程师沟通，而管理能力需要多向领导讨教，销售素养则可多跟随销售人员出差学习。经过这几年的经验积累及不断学习，笔者的“技能树”也算略有小成，遇到困难时，已不再像刚入行时那么局促和忐忑。

4. 勇敢面对

不怕山高，就怕脚软。人在离开舒适区面对一片陌生的领域时一定会经历持续的心理建设，没有什么职业是妖魔化的，笔者转岗的阵痛期也不过月余。勇敢面对，实际上远没有那么悲壮。无论从事哪种职业，勇敢面对的心态都是必要的。

从嵌入式软件工程师到智能硬件产品经理，没有什么好还是不好，只是笔者自认为自己更适合做一名产品经理。如果已经选好了方向，那么便风雨兼程吧。